住房和城乡建设行业技能人员知识丛书

预　埋　工

主　编　李克玉　李　潇

副主编　李昉罡　伍任雄　张　砚　程翠华

中国环境出版集团·北京

图书在版编目（CIP）数据

预埋工 /李克玉，李潇主编. —北京：中国环境出版集团，2022.3

（住房和城乡建设行业技能人员知识丛书）

ISBN 978-7-5111-4891-9

Ⅰ. ①预… Ⅱ. ①李… ②李… Ⅲ. ①预埋件－职业技能－教材 Ⅳ. ①TU755

中国版本图书馆 CIP 数据核字（2021）第 192106 号

出 版 人　武德凯
责任编辑　林双双
责任校对　任　丽
封面设计　彭　杉

出版发行　中国环境出版集团
（100062　北京市东城区广渠门内大街 16 号）
网　　址：http：//www.cesp.com.cn
电子邮箱：bjgl@cesp.com.cn
联系电话：010-67112765（编辑管理部）
010-67112739（第三分社）
发行热线：010-67125803，010-67113405（传真）

印　　刷　北京中科印刷有限公司
经　　销　各地新华书店
版　　次　2022 年 3 月第 1 版
印　　次　2022 年 3 月第 1 次印刷
开　　本　787×1092　1/16
印　　张　12.25
字　　数　350 千字
定　　价　58.00 元

编 委 会

前　言

为培育装配式混凝土建筑技能人才队伍，推动装配式混凝土建筑蓬勃发展，促进建筑业转型升级和高质量发展，我们邀请了多位知名专家和学者，经过对预制构件生产的经验总结以及对装配式混凝土建筑工程项目的实地考察，建立了一套科学的装配式混凝土建筑建造理论体系，结合实践经验和理论知识，参考有关国家、行业标准，共同编写了《住房和城乡建设行业技能人员知识丛书》的住房和城乡建设行业技能人员知识丛书，可以为装配式混凝土建筑技能人才培养提供服务，促进从业人员职业技能和工程质量、安全生产水平提升。

住房和城乡建设行业技能人员知识丛书包括《构件制作工》《构件装配工》《灌浆工》《预埋工》《打胶工》《钢筋加工配送工》《内装部品组装工》，共7本；内容翔实、图文并茂、通俗易懂，涵盖了装配式混凝土建筑技术工人所需的理论知识和操作技能，能够使其全面掌握装配式混凝土建筑生产、施工的标准要求和工艺操作要领，满足装配式混凝土建筑技能人才培养的实际需要。

本书是装配式混凝土建筑技能人员知识丛书之一，由基础理论与操作技能两大部分组成，主要包括基本知识、工程建设法律法规、综合素养、预埋工岗位基础知识、构件生产准备、预埋施工、预埋工质量检查与验收、拓展知识等。

本书由重庆市建筑业协会组织编写，主编由重庆市建设岗位培训中心李克玉、重庆建工住宅建设有限公司李潇担任，副主编由重庆市住房和城乡建设工程质量总站李昉罡、重庆建工住宅建设有限公司伍任雄、重庆市建设岗位培训中心张砚、重庆建筑高级技工学校程翠华担任；重庆市建设岗位培训中心段光尧、兰荣辉、谭梦竺、吴彦莹、郁晨，重庆市建筑业协会梁汉之、饶毅、袁勇、邓海英，重庆建工住宅建设有限公司张意、戴广亮、何敏、罗庆志、邹倩、张健、陈博、周瑜、张宇、段文川、周艺、李津纬、文杰、符师瑜、史灵玉、陈思庆，重庆工商职业学院王清江、林昕、王志勇、王悦、范洁群，重庆北域建设有限公司尚玉东，重庆大学黄乐鹏、王春艳，重庆建筑高级技工学校徐世彪，重庆合信检验认证有限公司舒唯，重庆市轨道交通（集团）有限公司周杨，重庆恒昇大业建筑科技集团有限公司段小雨、周子杰、李刚、杨艳波、张军义参与编写。

本书由唐小林、陈怡宏主审。

本书可以作为装配式混凝土建筑一线人员的培训用书，同时也可作为装配式混凝土建筑从业人员的参考用书。

在此对本书的各位编委和参与调研的专家、学者表示衷心感谢。

因时间仓促，经验不足，书中难免存在一些疏漏和缺陷，恳请专家和广大读者批评指正。

目　录

基础理论篇

操作技能篇

基础理论篇

第一章　基本知识

第一节　装配式混凝土建筑

装配式建筑是指结构系统、外围护系统、内装系统、设备与管线系统的主要部分采用预制部品构件集成的建筑。装配式建筑包括装配式混凝土建筑、装配式钢结构建筑、装配式木结构建筑三大体系。

装配式混凝土建筑，如图 1-1 所示，是指“建筑的结构系统由混凝土部件（预制构件）构成的装配式建筑”，其结构形式包括装配整体式混凝土结构、全装配混凝土结构等，在建筑工程中，简称装配式建筑；在结构工程中，简称装配式混凝土结构。

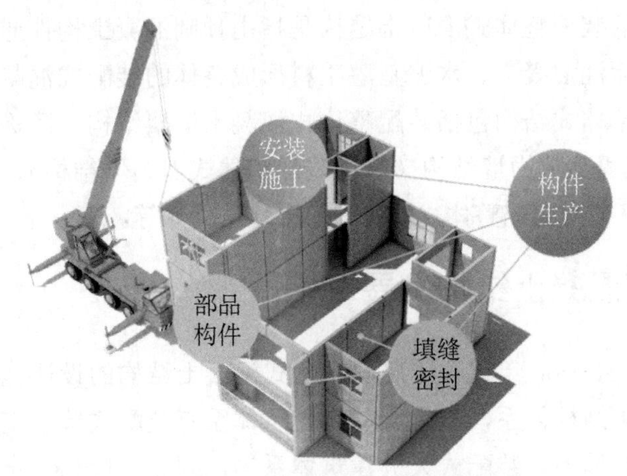

图 1-1　装配式混凝土建筑

装配式混凝土建筑可以采用多种装配式结构类型。当主要受力预制构件之间的连接，如柱与柱、墙与墙、梁与柱或墙等预制构件之间，通过后浇混凝土和钢筋套筒灌浆连接等技术进行连接时，可保证装配式结构的整体性能，使其结构性能与现浇混凝土基本等同，此时称其为装配整体式混凝土结构，也可称之为装配整体式混凝土建筑。当主要受力预制构件之间的连接，如墙与墙之间通过干式节点进行连接时，此时结构的总体刚度与现浇混凝土结构相比，会有所降低，此类结构不属于装配整体式结构。根据我国目前的技术水平和工程实践经验，对于高层建筑，主要采用装配整体式混凝土结构。

我国建筑业现阶段主要采用的是现场浇筑混凝土施工的传统方式，即从搭设脚手架、支设模板、绑扎钢筋到混凝土浇筑，大部分工作都在施工现场完成，现浇施工方式对城乡建设快速发展作出了很大的贡献，但材料浪费相对较多，施工精度相对不足，劳动力成本相对较高。为改变这种粗放式的湿法作业建造方式，《中共中央国务院关于进一步加强城市规划建设管理工作的若干意见》中明确要求：大力推广装配式建筑，减少建筑垃圾和扬尘污染，缩短建造工期，提升工程质量。制定装配式建筑设计、施工和验收规范；完善部品部件标准，实现建筑部品构件工厂化生产；鼓励建筑企业装配式施工，现场装配。建设国家级装配式混凝土建筑生产基地；加大政策支持力度，力争用10年左右时间，使装配式建筑占新建建筑的比例达到30%。

第二节 装配式混凝土结构

一、装配式混凝土结构概念

装配式混凝土结构是指由预制混凝土构件通过可靠的连接方式装配而成的混凝土结构。我国目前常用的装配整体式混凝土结构是指由预制混凝土构件通过可靠的连接方式进行连接并与现场后浇混凝土、水泥基灌浆料形成整体的装配式混凝土结构，简称装配整体式结构；装配整体式结构包括装配整体式混凝土框架结构（简称装配整体式框架结构）、装配整体式混凝土剪力墙结构（简称装配整体式剪力墙结构）、装配整体式混凝土框架—剪力墙结构（简称装配整体式框架—剪力墙结构）等。

二、装配式混凝土结构发展

我国从20世纪50—60年代开始研究装配式混凝土结构的设计施工技术，形成了一系列的装配式混凝土结构体系，较为典型的建筑体系有装配式单层工业厂房建筑体系、装配式多层框架建筑体系、装配式大板建筑体系等，到20世纪80年代装配式混凝土建筑的应用达到全盛时期，全国许多地方都形成了设计、制作和施工安装一体化的装配式建筑建造模式，其中装配式混凝土建筑和采用预制空心楼板的砌体建筑成为两种重要的建筑体系。由于当时装配式建筑的功能和物理性能等逐渐显露出许多缺陷和不足，我国有关装配式建筑的设计和施工技术研发水平又没有跟上社会需求及建筑技术的发展和变化，到20世纪80年代末，装配式混凝土建筑业开始迅速滑坡，逐渐被采用全现浇混凝土结构的建筑取代。直到21世纪，现浇施工方式所造成的环境污染、噪声影响、资源浪费、施工危险等弊端逐步显露，我国建筑业又开始重视装配式混凝土建筑的发展，形成了装配整体式混凝土剪力墙结构、装配整体式混凝土框架结构、装配整体式混凝土框架—剪力墙结构等多种结构体系，并得到大量应用。目前，我国装配式建筑发展较快的城市有深圳、济南、沈阳、上海和北京等，以示范、试点工程为切入点，在出台政策、技术创新、标准规范制定等方面大胆探索，一定程度上促进了我国装配式混凝土建筑的健康、持续、稳定、有序发展。

三、装配式混凝土结构体系

根据我国国情，目前应用最多的装配式混凝土结构体系是装配整体式剪力墙结构，装配整体式框架结构也有一定的应用，装配整体式框架—剪力墙结构有少量应用。无论哪种结构体系，都是基于现浇混凝土结构的设计理念，设计方法与现浇混凝土结构基本相同。

1. 装配整体式剪力墙结构

（1）技术类型

按照主要受力构件的预制及连接方式，装配整体式剪力墙结构可以分为以下 3 种体系。

1）装配整体式剪力墙结构体系；

2）叠合剪力墙结构体系；

3）多层剪力墙结构体系。

各结构体系中装配整体式剪力墙结构体系应用较多，适用的房屋高度最大；叠合剪力墙结构体系目前主要应用于多层建筑或者低烈度区的高层建筑中；多层剪力墙结构体系目前应用较少，但基于其高效、简便的特点，在新型城镇化的推进过程中前景广阔。

此外，还有一种应用较多的剪力墙结构体系，即主体采用现浇剪力墙结构，外墙、楼梯、楼板、隔墙等采用预制构件。这种方式在我国南方部分省（区、市）应用较多，结构设计方法与现浇结构基本相同，但预制装配化程度较低。

（2）结构体系

装配整体式剪力墙结构是装配式混凝土结构的一种，以预制混凝土剪力墙墙板构件（简称预制墙板）和现浇混凝土剪力墙作为结构的竖向承重和水平抗侧力构件，通过整体式连接而成，包括同层预制墙板间以及预制墙板与现浇剪力墙的整体连接（采用竖向现浇段将预制墙板以及现浇剪力墙连接成整体）、楼层间预制墙板的整体连接（通过预制墙板底部结合面以及顶部的水平现浇带和圈梁，将相邻楼层的预制墙板连接成整体）、预制墙板与水平楼盖之间的整体连接（水平现浇带和圈梁）。

新型装配式混凝土建筑发展是从装配式混凝土住宅开始的，剪力墙结构无梁、柱外露，深受国人的认可。近几年装配整体式剪力墙结构住宅在国内发展迅速，被大量应用。目前，国内已经有大量工程实践，主要做法有以下三种。

1）部分或全部预制剪力墙承重体系（图 1-2），通过竖缝节点区后浇混凝土和水平缝节点区后浇混凝土带或圈梁，实现结构的整体连接；竖向受力钢筋采用套筒灌浆、浆锚搭接等技术进行连接。北方地区的外墙板一般采用夹心保温预制混凝土外墙板（图 1-3），由内叶墙板、夹心保温层、外叶墙板 3 部分组成，内叶墙板和外叶墙板之间通过拉结件连接，可实现外装修、保温、承重一体化。

图 1-2　预制剪力墙承重体系

图 1-3　夹心保温预制混凝土外墙板

2）叠合式剪力墙（图 1-4），即将剪力墙划分为三层，内外两层预制，通过桁架钢筋连接，中间现浇混凝土；墙板竖向和水平分布的钢筋通过附加钢筋实现间接搭接。

图 1-4　叠合式剪力墙

3）预制剪力墙外墙模板（图 1-5），即剪力墙外墙由预制的混凝土外墙模板和现浇部分形成，预制外墙模板设桁架钢筋与现浇部分连接，可部分参与结构受力。

图 1-5　预制剪力墙外墙模板

2. 装配整体式框架结构

装配整体式框架结构体系主要参考日本的技术，柱竖向受力钢筋采用套筒灌浆技术进行连接，主要做法分为两种：一是节点区域预制（或梁柱节点区域和周边部分构件一并预制），这种做法将框架结构施工中最复杂的节点部分在工厂进行预制，避免节点区各个方向钢筋交叉避让的问题，但对预制构件精度要求较高，且预制构件尺寸比较大，运输困难；二是梁、柱各自预制为线性构件，节点区域现浇，这种预制构件非常规整，但节点区域钢筋相互交叉较多，这也是此法需要考虑的最为关键的环节。

3. 装配整体式框架—剪力墙结构

装配整体式框架—剪力墙结构（图 1-7）也是一种常用的结构形式，与装配式框架结构中预制构件的种类相似，其中框架柱采用预制形式，即节点单独预制（图 1-6），剪力墙采用现浇形式。

图 1-6　节点单独预制

图 1-7　装配整体式框架—剪力墙结构

四、装配式混凝土结构连接方法

装配式混凝土结构的连接方式主要分为两类：湿连接和干连接。

湿连接是用混凝土或水泥基浆料与钢筋结合形成的连接，如套筒灌浆、浆锚搭接和后浇混凝土等，适用于装配整体式混凝土建筑的连接；干连接主要借助金属连接，如螺栓连接、焊接等，适用于全装配式混凝土建筑的连接和装配整体式混凝土建筑的外挂墙板等非主体结构构件的连接。

1. 套筒灌浆连接

套筒灌浆连接是指在预制混凝土构件中预埋的金属套筒中插入钢筋并灌注水泥基灌浆料而实现的钢筋连接方式。钢筋套筒灌浆连接主要用于装配式混凝土结构的剪力墙、预制柱的纵向受力钢筋的连接，也可用于叠合梁等后浇部位的纵向钢筋连接。

套筒灌浆连接的工作原理是将需要连接的带肋钢筋插入金属套筒内对接，在套筒内注入高强早强且有微膨胀特性的灌浆料，灌浆料在套筒筒壁与钢筋之间形成较大的正向应力。在带肋钢筋的粗糙表面产生较大摩擦力，由此得以传递钢筋的轴向力，如图 1-8 所示。

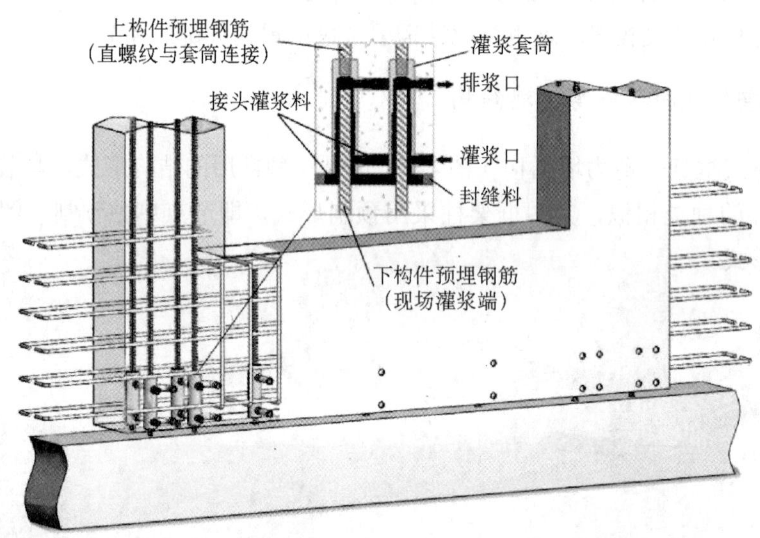

图 1-8 套筒灌浆连接示意

灌浆料是以水泥为基本原料，配以适当的细集料、混凝土外加剂和其他材料组成的干混料，加水搅拌后具有良好的流动性、早强、高强、微膨胀等特性，填充于套筒与带肋钢筋间隙内。

2. 浆锚搭接连接

浆锚搭接连接是指在预制混凝土构件中预留孔道，在孔道中插入需搭接的钢筋，并灌注水泥基浆料而实现的钢筋搭接连接方式。

浆锚搭接连接是基于黏结锚固原理进行连接的方法，在竖向结构构件下段范围内预留出竖向孔洞，孔洞内壁表面留有螺纹状粗糙面，周围配有横向约束螺旋箍筋，将下部装配式预制构件预留钢筋插入孔洞内，通过灌浆孔注入灌浆料将上下构件连接成一体。浆锚搭接连接常见形式有螺旋箍筋约束浆锚搭接连接和金属波纹管浆锚搭接连接，如图 1-9 所示。

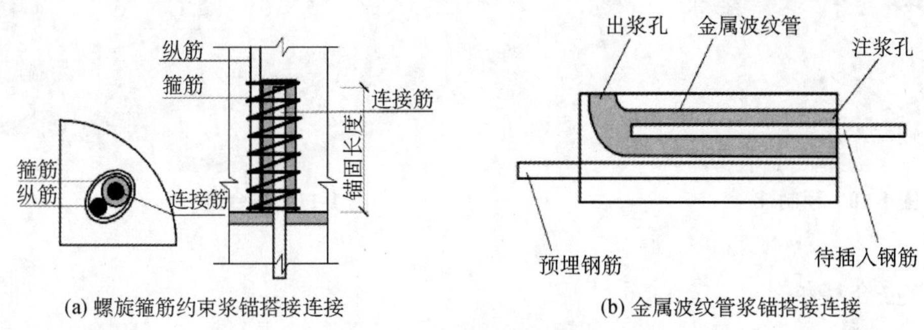

(a) 螺旋箍筋约束浆锚搭接连接　　(b) 金属波纹管浆锚搭接连接

图 1-9　浆锚搭接连接示意

3. 后浇混凝土连接

后浇混凝土是指预制构件安装后在预制构件连接区域或叠合层现场浇筑的混凝土。

后浇混凝土钢筋连接是后浇混凝土连接节点最重要的环节。后浇混凝土钢筋的连接可采用现浇结构钢筋的连接方式，主要包括机械螺纹套筒连接、钢筋搭接、钢筋焊接等。

五、预制混凝土构件

预制混凝土构件是指工厂或现场预先制作的混凝土构件，简称预制构件。装配式混凝土预制构件主要有预制柱、预制梁（叠合梁）、预制楼板（叠合楼板）、预制外墙板、预制内墙板、预制楼梯、预制阳台板、预制空调板、预制女儿墙、预制外挂墙板、预制内隔墙板等。

1. 预制柱

预制柱（图 1-10）是建筑物的主要竖向受力构件。预制柱的设计除满足承载力及正常使用阶段功能的要求外，还需要考虑生产线、运输限制、堆放等因素。预制柱设计的关键在于节点。

2. 叠合梁

叠合梁（图 1-11）是分两次浇捣混凝土的梁，第一次在预制厂做成预制梁，作为上部现浇混凝土的永久性模板；第二次在施工现场进行，当预制梁吊装安放完成后，再浇捣上部的混凝土，使其连成整体，它是预制构件和现浇结构的互相结合，同时兼有两者的优点。

图 1-10　预制柱

图 1-11　叠合梁

3. 叠合楼板

最常见的预制混凝土叠合楼板主要有两种，一种是预制桁架钢筋混凝土叠合板（图 1-12），另一种是预制带肋底板混凝土叠合楼板。

图 1-12　预制桁架钢筋混凝土叠合板

（1）预制混凝土钢筋桁架叠合板

预制桁架钢筋混凝土叠合板属于半预制构件，下部为预制混凝土板，外露部分为桁架钢筋。预制混凝土叠合板的预制部分最小厚度为 3～6 cm，叠合楼板在工地安装到位后应进行二次浇筑，从而成为整体实心楼板。桁架钢筋的主要作用是将后浇筑的混凝土层与预制底板连接成整体，并在制作和安装过程中提供刚度。伸出预制混凝土层的钢筋桁架和粗糙的混凝土表面保证了叠合楼板预制部分与现浇部分能有效地结合成整体。

（2）预制带肋底板混凝土叠合楼板

预制带肋底板混凝土叠合楼板一般为预应力带肋混凝土叠合楼板（简称 PK 板）。

PK 板具有以下优点：

1）预制底板厚 3 cm，自重约 1.1 kg/m²，具有轻、薄的特点。

2）用钢量最省。由于采用 1860 级高强度预应力钢丝，比其他叠合板用钢量节省约 60%。

3）承载能力强。破坏性试验承载力可达 1 100 kN/m²。

4）抗裂性能好。采用了预应力，极大提高了混凝土的抗裂性能。

5）新老混凝土接合好。采用了 T 型肋，新老混凝土互相咬合，新混凝土流入孔中产生销栓作用。

6）可形成双向板。在侧孔中横穿钢筋后，消除了传统叠合板只能作为单向板的弊端，且预埋管线方便。

（3）标准规定

1）叠合板应按《混凝土结构设计规范（2015 年版）》（GB　50010—2010）进行设计，并应符合下列规定：

①叠合板的预制板厚度≥60 mm，后浇混凝土叠合层厚度≥60 mm；

②当叠合板的预制板采用空心板时，板端空腔应封堵；

③跨度＞3 m 的叠合板，宜采用桁架钢筋混凝土叠合板；

④跨度＞6 m 的叠合板，宜采用预应力混凝土预制板；

⑤板厚＞180 mm 的叠合板，宜采用混凝土空心板。

2）桁架钢筋混凝土叠合板应满足下列要求：

①桁架钢筋应沿主要受力方向布置；

②桁架钢筋距板边≤300 mm，间距≤600 mm；

③桁架钢筋弦杆钢筋直径≥8 mm，腹杆钢筋直径≥4 mm；

④桁架钢筋弦杆混凝土保护层厚度≥15 mm。

4. 预制混凝土剪力墙墙板

（1）预制混凝土夹心保温外墙板

预制混凝土夹心保温外墙板（图 1-13）是指在工厂预制、内叶板为预制混凝土剪力墙、中间夹有保温层、外叶板为钢筋混凝土保护层的预制混凝土夹心保温剪力墙墙板，简称夹心保温外墙板。内叶板侧面在施工现场通过预留钢筋与现浇剪力墙边缘构件连接，底部通过钢筋灌浆套筒与下层预制剪力墙预留钢筋相连。

图 1-13　预制混凝土夹心保温外墙板

（2）预制混凝土剪力墙内墙板

预制混凝土剪力墙内墙板（图 1-14）是指在工厂预制成的混凝土剪力墙构件。预制混凝土剪力墙内墙板侧面在施工现场通过预留钢筋与现浇剪力墙边缘构件连接，底部通过钢筋灌浆套筒与下层预制剪力墙预留钢筋相连。

图 1-14　预制混凝土剪力墙内墙板

5. 预制混凝土楼梯

楼梯分为梯段、平台梁、平台板三部分。梁板梯段由梯斜梁和踏步板组成（图 1-15），一般在梯斜梁支撑踏步板处用水泥砂浆坐浆连接，如需加强，可在梯斜梁上预埋插筋，与踏步板支承端预留孔插接，用高等级水泥砂浆或灌浆料填实。

图 1-15　预制混凝土楼梯斜梁

楼梯由工厂预制生产，现场安装，质量、效率可以极大提高，节约工期及人工成本，安装后无须再做饰面，结构施工段支撑少。预制混凝土楼梯在装配式建筑中应用广泛。

6. 预制混凝土阳台板、空调板、女儿墙

预制混凝土阳台板（图 1-16）能够克服现浇阳台支模复杂，现场高空作业费时、费力以及高空作业时的施工安全问题。

预制混凝土空调板（图 1-17）通常采用预制实心混凝土板，板顶预留钢筋通常与预制叠合板的现浇层相连。

预制混凝土女儿墙（图 1-18）处于屋面处外墙的延伸部位，通常有立面造型，采用预制混凝土女儿墙的优势是安装快速，节省工期。

图 1-16　阳台板

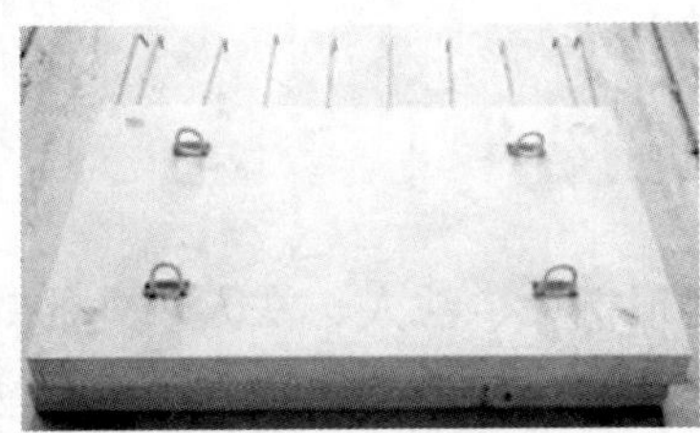

图 1-17　空调板

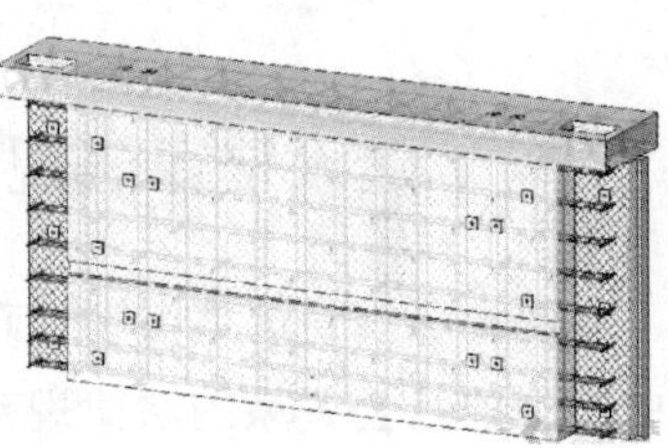

图 1-18　女儿墙

7. 预制外挂墙板

装配式混凝土建筑中外挂墙板是集装饰、围护一体化，并在工厂预制加工成具有各类形态或质感的预制构件。

外挂墙板按其安装方向分为横向外挂板和竖向外挂板；根据采光方式分为有窗外挂板和无窗外挂板，有窗外挂板一般为连续满布式安装，无窗外挂板为分段安装外挂墙板，是装配式结构的非承重外围护构件。外挂墙板与主体的节点以金属连接件连接或螺栓连接，如图 1-19 所示。

图 1-19　外挂墙板连接节点

第二章　工程建设法律法规

第一节　建设法律法规概述

一、建设法律法规的定义

建设法规是调整国家行政管理机关、法人、法人以外的其他组织、公民在建设活动中产生的社会关系的法律规范的总称。建设法律和建设行政法规构成了建设法的主体。建设法是以市场经济中建设活动产生的社会关系为基础，规范国家行政管理机关对建设活动的监管和市场主体之间经济活动的法律法规。

二、法的形式

法的形式是指法律的创制方式和外部表现形式，它包括四层含义：

①法律规范创制机关的性质及级别。

②法律规范的外部表现形式。

③法律规范的效力等级。

④法律规范的地域效力。

法的形式取决于法的本质。在世界历史上存在过的法律形式主要有习惯法、宗教法、判例、规范性法律文件、国际惯例、国际条约等。在我国，习惯法、宗教法、判例不是法的形式。

我国法的形式是制定法形式，具体可分为以下 7 类：

1. 宪法

宪法是由全国人民代表大会依照特别程序制定的具有最高效力的根本法。宪法是集中反映统治阶级的意志和利益，规定国家制度、社会制度的基本原则，具有最高法律效力的根本大法。其主要功能是制约和平衡国家权力，保障公民权利。

宪法也是建设法律的最高形式，是国家进行建设管理、监督的权力基础。

2. 法律

法律是指由全国人民代表大会和全国人民代表大会常务委员会制定颁布的规范性法律文件，即狭义的法律。

法律分为基本法律和一般法律（又称非基本法律、专门法）两类。

基本法律是由全国人民代表大会制定的调整国家和社会生活中带有普遍性的社会关系的规范性法律文件的统称，如《中华人民共和国刑法》《中华人民共和国民法典》《中华人民共和国民事诉讼法》《中华人民共和国行政诉讼法》以及有关国家机构的组织法等法律。

一般法律是由全国人民代表大会常务委员会制定的调整国家和社会生活中某种具体社会关系或其中某一方面内容的规范性文件的统称。

全国人民代表大会和全国人民代表大会常务委员会通过的法律由国家主席签署主席令予以公布。

建设法律既包括专门的建设领域的法律（如《城乡规划法》《建筑法》《城市房地产管理法》等），也包括与建设活动相关的其他法律（如《行政许可法》等）。

3. 行政法规

行政法规是国家最高行政机关国务院根据宪法和法律就有关执行法律和履行行政管理职权的问题，以及依据全国人民代表大会及其常务委员会特别授权所制定的规范性文件的总称。行政法规由总理签署，国务院令公布。

依照《立法法》的规定，国务院根据宪法和法律，制定行政法规。行政法规可以就下列事项作出规定：

①为执行法律的规定需要制定行政法规的事项。

②《宪法》第八十九条规定的国务院行政管理职权的事项。

应当由全国人民代表大会及其常务委员会制定法律的事项，国务院根据全国人民代表大会及其常务委员会的授权决定先制定的行政法规，经过实践检验，制定法律的条件成熟时，国务院应当及时提请全国人民代表大会及其常务委员会制定法律。

现行的建设行政法规主要有《建设工程质量管理条例》《建设工程安全生产管理条例》《建设工程勘察设计管理条例》《城市房地产开发经营管理条例》《招标投标法实施条例》等。

4. 地方性法规、自治条例和单行条例

省、自治区、直辖市的人民代表大会及其常务委员会根据本行政区域的具体情况和实际需要，在不同宪法、法律、行政法规相抵触的前提下，可以制定地方性法规。

设区的市的人民代表大会及其常务委员会根据本市的具体情况和实际需要，在不同宪法、法律、行政法规和本省、自治区的地方性法规相抵触的前提下，可以对城乡建设

与管理、环境保护、历史文化保护等方面的事项制定地方性法规。

设区的市的地方性法规须报省、自治区的人民代表大会常务委员会批准后施行。

省、自治区的人民代表大会常务委员会对报请批准的地方性法规，应当对其合法性进行审查，同宪法、法律、行政法规和本省、自治区的地方性法规不抵触的，应当在4个月内予以批准。

省、自治区的人民代表大会常务委员会在对报请批准的设区的市的地方性法规进行审查时，发现其同本省、自治区的人民政府的规章相抵触的，应当作出处理决定。

地方性法规可以就下列事项作出规定：

①为执行法律、行政法规的规定，需要根据本行政区域的实际情况作具体规定的事项。

②属于地方性事务需要制定地方性法规的事项。

省、自治区、直辖市的人民代表大会制定的地方性法规由大会主席团发布公告予以公布。省、自治区、直辖市的人民代表大会常务委员会制定的地方性法规由常务委员会发布公告予以公布。较大的市的人民代表大会及其常务委员会制定的地方性法规报经批准后，由较大的市的人民代表大会常务委员会发布公告予以公布。自治条例和单行条例报经批准后，分别由自治区、自治州、自治县的人民代表大会常务委员会发布公告予以公布。

目前，各地方都制定了大量的规范建设活动的地方性法规、自治条例和单行条例，如《北京市建筑市场管理条例》《天津市建筑市场管理条例》《新疆维吾尔自治区建筑市场管理条例》等。

5. 部门规章

国务院各部、委员会、中国人民银行、审计署和具有行政管理职能的直属机构，以及省、自治区、直辖市人民政府和较大的市的人民政府所制定的规范性文件统称规章。部门规章由部门首长签署命令予以公布。部门规章签署公布后，《国务院公报》或者部门公报和中国政府法制信息网以及在全国范围内发行的报纸应当及时予以刊载。

部门规章规定的事项应当属于执行法律或者国务院的行政法规、决定、命令的事项，其名称可以是“规定”“办法”和“实施细则”等。目前，大量的建设法规是以部门规章的方式发布的，如住房和城乡建设部发布的《房屋建筑和市政基础设施工程质量监督管理规定》《房屋建筑和市政基础设施工程竣工验收备案管理办法》《市政公用设施抗灾设防管理规定》等。

涉及两个以上国务院部门职权范围的事项，应当提请国务院制定行政法规或者由国务院有关部门联合制定规章。

6. 地方政府规章

省、自治区、直辖市和设区的市、自治州的人民政府，可以根据法律、行政法规和本省、自治区、直辖市的地方性法规，制定地方政府规章。地方政府规章由省长或者自治区主席或者市长签署命令予以公布。地方政府规章签署公布后，及时在本级人民政府公报和中国政府法制信息网以及在本行政区域范围内发行的报纸上刊载。

地方政府规章可以就下列事项作出规定：

①为执行法律、行政法规、地方性法规的规定需要制定规章的事项。

②属于本行政区域的具体行政管理事项。

设区的市、自治州的人民政府根据上述事项范围制定地方政府规章，限于城乡建设与管理、环境保护、历史文化保护等方面的事项。

已经制定的地方政府规章，涉及上述事项范围以外的，继续有效。没有法律、行政法规、地方性法规的依据，地方政府规章不得设定减损公民、法人和其他组织权利或者增加其义务的规范。

7. 国际条约

国际条约是指我国与外国缔结、参加、签订、加入、承认的双边或多边的条约、协定和其他具有条约性质的文件。国际条约的名称，除条约外，还有公约、协议、协定、议定书、宪章、盟约、换文和联合宣言等。除我国在缔结时宣布持保留意见不受其约束的以外，这些条约的内容都与国内法具有一样的约束力，所以也是我国法的形式。例如，我国加入 WTO 后，WTO 中与工程建设有关的协定也对我国的建设活动产生约束力。

三、工程建设法规的法律关系

1. 法律的主体和客体

任何法律关系都是由主体、客体和内容三个要素构成的。

工程建设法律关系主体主要是指参加或管理、监督建设活动，受建设工程法律规范调整，在法律上享有权利、承担义务的自然人、法人或其他组织。

工程建设法律关系客体是指参加工程建设法律关系的主体享有的权利和承担的义务所共同指向的对象。

法人是指具有民事权利能力和民事行为能力，依法享有民事权利和承担民事义务的组织。

2. 代理的法律规定

（1）代理的概念

代理是指代理人在代理权限内，以被代理人的名义实施民事法律行为。被代理人对代理人的代理行为承担民事责任。由此可见，在代理关系中，通常涉及三个人，即被代理人、代理人和第三人。

（2）代理的种类

代理有委托代理、法定代理和指定代理三种形式。

1）委托代理。委托代理是指根据被代理人的委托而产生的代理，如公民委托律师代理诉讼就属于委托代理。

委托代理可采用口头形式委托，也可采用书面形式委托，如果法律明确规定必须采用书面形式委托的，则必须采用书面形式。如代签工程建设合同就必须采用书面形式。

在实际生活中，委托代理应注意下列问题：

被代理人应慎重选择代理人。因为代理活动要由代理人来实施，且实施结果要由被代理人承担，如果代理人不能胜任工作，将会给被代理人带来不利的后果，甚至还会损害被代理人的利益。

委托授权的范围要明确。由于委托代理是基于被代理人的委托授权而产生的，所以，被代理人的授权范围一定要明确。如果由于授权不明确而给第三人造成损失的，则被代理人要向第三人承担责任，代理人承担连带责任。

委托代理的事项必须合法。被代理人自己不能亲自进行违法活动，也不能委托他人进行违法活动；同时，代理人也不能接受此类的委托，否则，被代理人、代理人要承担连带责任。

2）法定代理。法定代理是基于法律的直接规定而产生的代理。如父母作为监护人代理未成年人进行民事活动就是属于法定代理。法定代理是为了保护无民事行为能力的人或限制民事行为能力的人的合法权益而设立的一种代理形式，适用范围比较窄。

3）指定代理。指定代理是指根据主管机关或人民法院的指定而产生的代理。这种代理也主要是为无民事行为能力的人和限制民事行为能力的人而设立的。如人民法院指定一名律师作为离婚诉讼中丧失民事行为能力而又无其他法定代理人的一方当事人的代理人，就属于指定代理。

（3）代理人在代理活动中应注意的问题

1）代理人应在代理权限范围内进行代理活动。如果代理人在没有代理权、超越代理权限范围或代理权终止后进行活动，即属于无权代理，倘若被代理人不予以追认的话，则由行为人承担法律责任。

2）代理人应亲自进行代理活动。代理关系中，被代理人的委托授权是基于对代理人的信任，委托代理就是建立在这种人身信任的基础上的。因此，代理人必须亲自进行代理活动，完成代理任务。

3）代理人应认真履行职责。代理人接受了委托，就有义务尽职尽责地完成代理工作。如果不履行或不认真履行代理职责而给被代理人造成损害的，代理人应承担赔偿责任。

4）不得滥用代理权。滥用代理权表现如下：

①以被代理人的名义同自己实施法律行为。如以被代理人的名义同自己订立合同，

就属于此种情形。

②代理双方当事人实施同一个法律行为。例如，在同一诉讼中，律师既代理原告又代理被告，这就很可能损害一方或双方当事人的利益，因此，此种情形为法律所禁止。

③代理人与第三人恶意串通损害被代理人的利益。例如，代理人与第三人相互勾结，在订立合同时给第三人以种种优惠，从而损害了被代理人的利益，对此，代理人、第三人要承担连带责任。

（4）代理权的终止

由于代理的种类不同，代理关系终止的原因也不尽相同。

1）委托代理的终止：

①代理期限届满或代理事务完成。

②被代理人取消委托或代理人辞去委托。

③代理人死亡或丧失民事行为能力。

④作为被代理人或代理人的法人组织终止。

2）法定代理或指定代理的终止：

①被代理人或代理人死亡。

②代理人丧失民事行为能力。

③被代理人取得或恢复民事行为能力。

④指定代理的人民法院或指定单位取消指定。

⑤由于其他原因引起的被代理人和代理人之间的监护关系消灭。

四、工程建设法律责任

工程建设法律责任是指由于工程建设主体的违法行为、违约行为或者由于法律规定而应承受的某种不利的法律后果。

责任种类包括民事责任、行政责任和刑事责任。

五、工程项目建设程序

1. 基本建设的含义

基本建设是指以固定资产扩大再生产为目的而进行的各种新建、改建、扩建、迁建、恢复工程及与之相关的各项建设工作。

2. 基本建设程序

建设程序是指建设项目从设想、选择、评估、决策、设计、施工到竣工验收、投入生产等的整个建设过程中，各项工作必须遵循的先后次序的法则。这个法则是人们在认识客观规律的基础上制定出来的，是建设项目科学决策和顺利进行的重要保证。按照建设项目发展的内在联系和发展过程，建设程序分为若干阶段，这些阶段是有严格的先后次序的，不能任意颠倒而违反它的发展规律。

目前，我国基本建设程序的主要阶段有项目建议书阶段、可行性研究报告阶段、设计阶段、建设准备阶段、建设实施阶段和竣工验收阶段，即决策阶段、实施阶段和运行阶段。其中，每个阶段又有不同内容，我国基本建设程序与工程多次计价之间的关系如图 2-1 所示。

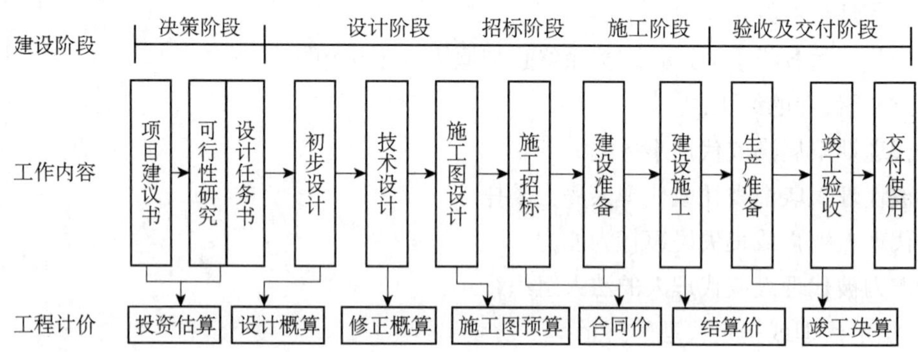

图 2-1　我国基本建设程序与工程多次计价之间的关系

主要阶段说明：

1）编制和报批项目建议书：大中型新建项目和限额以上的大型扩建项目，在上报项目建议书时必须附上初步可行性研究报告。项目建议书获得批准后即可立项。

2）编制和报批可行性研究报告：项目立项后即可由建设单位委托原编报项目建议书的设计院或咨询公司进行可行性研究，根据批准的项目建议书，在详细可行性研究的基础上，编制可行性研究报告，为项目投资决策提供科学依据。根据原国家计委发布的计投资〔1991〕1969 号文件，“从本文下发之日起，将现行国内投资项目的设计任务书和利用外资项目的可行性研究报告统一称为可行性研究报告，取消设计任务书的名称”，“所有国内投资项目和利用外资的建设项目，在批准项目建成书以后，并进行可行性研究的基础上，一律编报可行性研究报告，可行性研究报告的编报程序、要求和审批权限与以前的设计任务书（可行性研究报告）一致”。

3）编制和报批设计文件：对于大型、复杂项目，可根据不同行业的特点和要求进行初步设计、技术设计和施工图设计三阶段设计；一般工程项目可采用初步设计和施工图设计两阶段设计。初步设计文件要满足施工图设计、施工准备、土地征用、项目材料和设备订货的要求；施工图设计应能满足建筑材料、构配件及设备的购置和非标准构配件及非标准设备的加工要求。

4）建设准备工作：包括组建筹建机构，征地、拆迁和场地平整；落实和完成施工用水、电、路等工程和外部协调条件；组织设备和特殊材料订货，落实材料供应，准备必要的施工图纸；组织施工招标、投标，择优选定施工单位，签订承包合同，确定合同价；报批开工报告等工作。开工报告获得批准后，建设项目方能开工建设，进行施工安装和生产准备工作。

5）建设施工：包括组织施工和生产准备。

6）项目施工验收、投产经营和后评价。

第二节　建筑法

《建筑法》主要适用于各类房屋建筑及其附属设施的构造和与其配套的线路、管道、设备的安装活动，但其中关于施工许可、企业资质审查和工程发包、承包、禁止转包，以及工程监理、安全和质量管理的规定，也适用于其他建筑工程的建筑活动。

一、建筑工程施工许可证从业资格的规定

建筑许可包括建筑工程施工许可和从业资格两个方面。

1. 建筑工程施工许可

（1）施工许可证的申领

建筑工程开工前，建设单位应当按照国家有关规定向工程所在地县级以上人民政府建设行政主管部门申请领取施工许可证（国务院建设行政主管部门确定的限额以下的小型工程除外）。按照国务院规定的权限和程序批准开工报告的建筑工程，不再领取施工许可证。

申请领取施工许可证，应当具备下列条件：

①已经办理该建筑工程用地的批准手续。

②依法应当办理建设工程规划许可证的且已经取得建设工程规划许可证。

③需要拆迁的，其拆迁进度符合施工要求。

④已经确定建筑施工企业。

⑤有满足施工需要的资金安排施工图纸及技术资料。

⑥有保证工程质量和安全的具体措施。

（2）施工许可证申请的时间要求

建设行政主管部门应当自收到申请之日起 7 日内，对符合条件的申请颁发施工许可证。

建设单位应当自领取施工许可证之日起 3 个月内开工。因故不能按期开工的，应当向发证机关申请延期；延期以 2 次为限，每次不超过 3 个月。既不开工又不申请延期或者超过延期时限的，施工许可证自行废止。

（3）中止施工和恢复施工

在建的建筑工程因故中止施工的，建设单位应当自中止施工之日起 1 个月内，向发

证机关报告，并按照规定做好建筑工程的维护管理工作。

建筑工程恢复施工时，应当向发证机关报告；中止施工满 1 年的工程恢复施工前，建设单位应当报发证机关核验施工许可证。

按照国务院有关规定批准开工报告的建筑工程，因故不能按期开工或者中止施工的，应当及时向批准机关报告情况。因故不能按期开工超过 6 个月的，应当重新办理开工报告的批准手续。

2. 从业资格

（1）单位资质

从事建筑活动的建筑施工企业、勘察单位、设计单位和工程监理单位，应当具备下列条件：

①有符合国家规定的注册资本。

②有与其从事的建筑活动相适应的具有法定执业资格的专业技术人员。

③有从事相关建筑活动所应有的技术装备。

④法律、行政法规规定的其他条件。

从事建筑活动的建筑施工企业、勘察单位、设计单位和工程监理单位，按照其拥有的注册资本、专业技术人员、技术装备和已完成的建筑工程业绩等资质条件，划分为不同的资质等级，经资质审查合格，取得相应等级的资质证书后，方可在其资质等级许可的范围内从事建筑活动。

（2）专业技术人员资格

从事建筑活动的专业技术人员，应当依法取得相应的执业资格证书，并在执业资格证书许可的范围内从事建筑活动。

二、建筑安全生产管理的规定

1. 总体方针和原则

建筑工程安全生产管理必须坚持“安全第一、预防为主”的方针，建立健全安全生产的责任制度和群防群治制度。

建筑工程设计应当符合按照国家规定制定的建筑安全规程和技术规范的要求，保证工程的安全性能。建筑施工企业在编制施工组织设计时，应当根据建筑工程的特点制定相应的安全技术措施；对专业性较强的工程项目，应当编制专项安全施工组织设计，并采取安全技术措施。

2. 建筑施工企业应当采取的安全管理措施

建筑施工企业应当在施工现场采取维护安全、防范危险、预防火灾等措施；有条件的，应当对施工现场实行封闭管理。施工现场对毗邻的建筑物、构筑物和特殊作业环境可能造成损害的，建筑施工企业应当采取安全防护措施。

建筑施工企业必须依法加强对建筑安全生产的管理，执行安全生产责任制度，采取有效措施，防止伤亡和其他安全生产事故的发生。建筑施工企业的法定代表人对本企业的安全生产负责。

施工现场安全由建筑施工企业负责。实行施工总承包的，由总承包单位负责。分包单位向总承包单位负责，服从总承包单位对施工现场的安全生产管理。

建筑施工企业应当建立健全劳动安全生产教育培训制度，加强对职工安全生产的教育培训；未经安全生产教育培训的人员，不得上岗作业。

建筑施工企业和作业人员在施工过程中，应当遵守有关安全生产的法律、法规和建筑行业安全规章、规程，不得违章指挥或者违章作业。作业人员有权对影响人身健康的作业程序和作业条件提出改进意见，有权获得安全生产所需的防护用品。作业人员对危及生命安全和人身健康的行为有权提出批评、检举和控告。

建筑施工企业应当依法为职工办理工伤保险并缴纳工伤保险费。鼓励企业为从事危险作业的职工办理意外伤害保险，并支付保险费。

3. 主体和结构变动

涉及建筑主体和承重结构变动的装修工程，建设单位应当在施工前委托原设计单位或者具有相应资质条件的设计单位提出设计方案；没有设计方案的，不得施工。房屋拆除应当由具备保证安全条件的建筑施工单位承担，由建筑施工单位负责人对安全负责。施工中发生事故时，建筑施工企业应当采取紧急措施减少人员伤亡和事故损失，并按照国家有关规定及时向有关部门报告。

三、建筑工程质量管理的规定

1. 认证

国家对从事建筑活动的单位推行质量体系认证制度。从事建筑活动的单位根据自愿原则可以向国务院产品质量监督管理部门或者国务院产品质量监督管理部门授权的部门认可的认证机构申请质量体系认证。经认证合格的，由认证机构颁发质量体系认证证书。

2. 建设各方的工程质量管理

建设单位不得以任何理由，要求建筑设计单位或者建筑施工企业在工程设计或者施工作业中，违反法律、行政法规和建筑工程质量、安全标准，降低工程质量。

建筑设计单位和建筑施工企业对建设单位违反前款规定提出的降低工程质量的要求，应当予以拒绝。

建筑工程实行总承包的，工程质量由工程总承包单位负责，总承包单位将建筑工程分包给其他单位的，应当对分包工程的质量与分包单位承担连带责任。分包单位应当接受总承包单位的质量管理。建筑工程的勘察、设计单位必须对其勘察、设计的质量负责。勘察、设计文件应当符合有关法律、行政法规的规定和建筑工程质量、安全标准，建筑工程勘察、设计技术规范以及合同的约定。设计文件选用的建筑材料、建筑构配件和设备，应当注明其规格、型号、性能等技术指标，其质量要求必须符合国家规定标准。

建筑设计单位对设计文件选用的建筑材料、建筑构配件和设备，不得指定生产厂、供应商。建筑施工企业对工程的施工质量负责。建筑施工企业必须按照工程设计图纸和施工技术标准施工，不得偷工减料。工程设计的修改由原设计单位负责，建筑施工企业不得擅自修改工程设计。建筑施工企业必须按照工程设计要求、施工技术标准和合同的约定，对建筑材料、建筑构配件和设备进行检验，不合格的不得使用。

3. 维修和保修

建筑物在合理使用寿命内，必须确保地基基础工程和主体结构的质量。建筑工程工时，屋顶、墙面不得留有渗漏、开裂等质量缺陷；对已发现的质量缺陷，建筑施工业应当修复。

交付竣工验收的建筑工程，必须符合规定的建筑工程质量标准，有完整的工程技术经济资料和经签署的工程保修书，并具备国家规定的其他竣工条件。建筑工程竣工经验收合格后，方可交付使用；未经验收或者验收不合格的，不得交付使用。

建筑工程实行质量保修制度。

建筑工程的保修范围应当包括地基基础工程、主体结构工程、屋面防水工程和其他土建工程，以及电气管线、上下水管线的安装工程，供热、供冷系统工程等项目；保修的期限应当按照保证建筑物合理寿命年限内正常使用、维护使用者合法权益的原则确定，具体的保修范围和最低保修期限由国务院规定。

四、施工单位违法行为的规定

1. 施工资质

违反本法规定，未取得施工许可证或者开工报告未经批准擅自施工的，责令改正，对不符合开工条件的责令停止施工，可以处以罚款。发包单位将工程发包给不具有相应资质条件的承包单位的，或者违反本法规定将建筑工程肢解发包的，责令改正，处以罚款。超越本单位资质等级承揽工程的，责令停止违法行为，处以罚款，可以责令停业整顿，降低资质等级；情节严重的，吊销资质证书；有违法所得的，予以没收。未取得资质证书而承揽工程的，予以取缔，并处罚款；有违法所得的，予以没收。以欺骗手段取得资质证书的，吊销资质证书，处以罚款；构成犯罪的，依法追究刑事责任。建筑施工企业转让、出借资质证书或者以其他方式允许他人以本企业的名义承揽工程的，责令改正，没收违法所得，并处罚款，可以责令停业整顿，降低资质等级；情节严重的，吊销资质证书。对因该项承揽工程不符合规定的质量标准造成的损失，建筑施工企业与使用本企业名义的单位或者个人承担连带赔偿责任。

2. 安全生产

违反本法规定，涉及建筑主体或者承重结构变动的装修工程擅自施工的，责令改正，处以罚款；造成损失的，承担赔偿责任；构成犯罪的，依法追究刑事责任。建筑施工企业违反本法规定，对建筑安全事故隐患不采取措施予以消除的，责令改正，可以处以罚款；情节严重的，责令停业整顿，降低资质等级或者吊销资质证书；构成犯罪的，依法追究刑事责任。建筑施工企业的管理人员违章指挥、强令职工冒险作业，因而发生重大伤亡事故或者造成其他严重后果的，依法追究刑事责任。

3. 质量管理

建设单位违反本法规定，要求建筑设计单位或者建筑施工企业违反建筑工程质量、安全标准，降低工程质量的，责令改正，可以处以罚款；构成犯罪的，依法追究刑事责任。建筑设计单位不按照建筑工程质量、安全标准进行设计的，责令改正，处以罚款；造成工程质量事故的，责令停业整顿，降低资质等级或者吊销资质证书，没收违法所得，并处罚款；造成损失的，承担赔偿责任；构成犯罪的，依法追究刑事责任。

建筑施工企业在施工中偷工减料的，使用不合格的建筑材料、建筑构配件和设备的，或者有其他不按照工程设计图纸或者施工技术标准施工的行为的，责令改正，处以罚款；情节严重的，责令停业整顿，降低资质等级或者吊销资质证书；造成建筑工程质量不符合规定的质量标准的，负责返工、修理，并赔偿因此造成的损失；构成犯罪的，依法追究刑事责任。建筑施工企业违反本法规定，不履行保修义务或者拖延履行保修义务的，责令改正，可以处以罚款，并对在保修期内因屋顶、墙面渗漏、开裂等质量缺陷造成的损失，承担赔偿责任。

4. 承担责任

本法规定的责令停业整顿、降低资质等级和吊销资质证书的行政处罚，由颁发资质证书的机关决定；其他行政处罚，由建设行政主管部门或者有关部门依照法律和国务院规定的职权范围决定。依照本法规定被吊销资质证书的，由工商行政管理部门吊销其营业执照。违反本法规定，对不具备相应资质等级条件的单位颁发该等级资质证书的，由其上级机关责令收回所颁发的资质证书，对直接负责的主管人员和其他直接责任人员给予行政处分；构成犯罪的，依法追究刑事责任。政府及其所属部门的工作人员违反本法规定，限定发包单位将招标发包的工程发包给指定的承包单位的，由上级机关责令改正；构成犯罪的，依法追究刑事责任。负责颁发建筑工程施工许可证的部门及其工作人员对不符合施工条件的建筑工程颁发施工许可证的，负责工程质量监督检查或者竣工验收的部门及其工作人员对不合格的建筑工程出具质量合格文件或者按合格工程验收的，由上级机关责令改正，对责任人员给予行政处分；构成犯罪的，依法追究刑事责任；造成损失的，由该部门承担相应的赔偿责任。在建筑物的合理使用寿命内，因建筑工程质量不合格受到损害的，有权向责任者索要赔偿。

第三节 安全生产法

一、生产经营单位安全生产保障的规定

《安全生产法》为生产经营单位在安全生产的各个环节确立了必须遵循的行为准则。

1. 安全生产条件

产经营单位应当具备《安全生产法》和有关法律、行政法规和国家标准或者行业的安全生产条件；不具备安全生产条件的，不得从事生产经营活动。

2. 生产经营单位的主要负责人的安全生产职责

生产经营单位的主要负责人对本单位安全生产工作负有下列职责：

①建立健全本单位全员安全生产责任制，加强安全生产标准化建设。

②组织制定本单位安全生产规章制度和操作规程。

③组织制订并实施本单位安全生产教育和培训计划。

④保证本单位安全生产投入的有效实施。

⑤组织建立并落实安全风险分级管控和隐患排查治理双重预防工作机制，督促、检查本单位的安全生产工作，及时消除生产安全事故隐患。

⑥组织制定并实施本单位的生产安全事故应急救援预案。

⑦及时、如实报告生产安全事故。

3. 安全生产责任制的建立和落实

生产经营单位的安全生产责任制应当明确各岗位的责任人员、责任范围和考核标准等内容。生产经营单位应当建立相应的机制，加强对安全生产责任制落实情况的监督考核，保证安全生产责任制的落实。

4. 安全生产资金投入

生产经营单位应当具备安全生产所必需的资金投入，由生产经营单位的决策机构、主要负责人或者个人经营的投资人予以保证，并对由于安全生产所必需的资金投入不足

导致的后果承担责任。有关生产经营单位应当按照规定提取和使用安全生产费用，专门用于改善安全生产条件。安全生产费用在成本中据实列支。安全生产费用提取、使用和监督管理的具体办法由国务院财政部门会同国务院安全生产监督管理部门征求国务院有关部门意见后制定。

5. 安全生产管理机构和人员的设置和配备以及相关职责

矿山、金属冶炼、建筑施工、道路运输单位和危险物品的生产、经营、储存单位，应当设置安全生产管理机构或者配备专职的安全生产管理人员。其他生产经营单位，从业人员超过 100 人的，应当设置安全生产管理机构或者配备专职的安全生产管理人员；从业人员在 100 人以下的，应当配备专职或者兼职的安全生产管理人员。生产经营单位的安全生产管理机构以及安全生产管理人员应履行下列职责：

①组织或者参与拟订本单位的安全生产规章制度、操作规程和生产安全事故应急救援预案。

②组织或者参与本单位的安全生产教育和培训，如实记录安全生产教育和培训情况。

③组织开展危险源辨识和评估工作，督促落实本单位重大危险源的安全管理措施。

④组织或者参与本单位的应急救援演练。

⑤检查本单位的安全生产状况，及时排查生产安全事故隐患，提出改进安全生产管理的建议。

⑥制止和纠正违章指挥、强令冒险作业、违反操作规程的行为。

⑦督促落实本单位安全生产整改措施。

生产经营单位可以设置专职安全生产分管负责人，协助本单位主要负责人履行安全生产管理职责。

生产经营单位的安全生产管理机构以及安全生产管理人员应当恪尽职守，依法履行职责。生产经营单位作出涉及安全生产的经营决策时，应当听取安全生产管理机构以及安全生产管理人员的意见。生产经营单位不得因安全生产管理人员依法履行职责而降低其工资、福利等待遇，或者解除与其订立的劳动合同。危险物品的生产、储存单位以及矿山、金属冶炼单位的安全生产管理人员的任免，应当告知主管的负有安全生产监督管理职责的部门。生产经营单位的主要负责人和安全生产管理人员必须具备与本单位所从事的生产经营活动相适应的安全生产知识和管理能力。危险物品的生产、经营、储存单位以及矿山、金属冶炼、建筑施工、道路运输单位的主要负责人和安全生产管理人员，应当由主管的负有安全生产监督管理职责的部门对其安全生产知识和管理能力考核合格。考核不得收费。危险物品的生产、储存单位以及矿山、金属冶炼单位应当由注册安全工程师来从事安全生产管理工作；鼓励其他生产经营单位聘用注册安全工程师从事安全生产管理工作。注册安全工程师按专业分类管理，具体办法由国务院人力资源和社会保障部门、国务院安全生产监督管理部门会同国务院有关部门制定。

6. 安全生产教育培训和资格要求

生产经营单位应当对从业人员进行安全生产教育和培训，保证从业人员具备必要的安全生产知识，熟悉有关的安全生产规章制度和安全操作规程，掌握本岗位的安全操作技能，了解事故应急处理措施，知悉自身在安全生产方面的权利和义务。未经安全生产教育和培训合格的从业人员，不得上岗作业。生产经营单位使用被派遣劳动者的，应当将被派遣劳动者纳入本单位从业人员统一管理，对被派遣劳动者进行岗位安全操作规程和安全操作技能的教育和培训。劳务派遣单位应当对被派遣劳动者进行必要的安全生产教育和培训。生产经营单位接收中等职业学校、高等学校学生实习的，应当对实习学生进行相应的安全生产教育和培训，提供必要的劳动防护用品。学校应当协助生产经营单位对实习学生进行安全生产教育和培训。生产经营单位应当建立安全生产教育和培训档案，如实记录安全生产教育和培训的时间、内容、参加人员以及考核结果等情况。生产经营单位采用新工艺、新技术、新材料或者使用新设备时，必须了解、掌握其安全技术特性，采取有效的安全防护措施，并对从业人员进行专门的安全生产教育和培训。

生产经营单位的特种作业人员必须按照国家有关规定通过专门的安全作业培训，取得相应资格，方可上岗作业。特种作业人员的范围由国务院应急管理部门会同国务院有关部门确定。

7. 安全设施“三同时”原则和安全评价

生产经营单位新建、改建、扩建工程项目（以下统称建设项目）的安全设施，必须与主体工程同时设计、同时施工、同时投入生产和使用。安全设施投资应当纳入建设项目概算。矿山、金属冶炼建设项目和用于生产、储存、装卸危险物品的建设项目，应当按照国家有关规定进行安全评价。

8. 安全设施设计、施工验收和监督核查

建设项目安全设施的设计人、设计单位应当对安全设施设计负责。矿山、金属冶炼建设项目和用于生产、储存、装卸危险物品的建设项目的安全设施设计应当按照国家有关规定报经有关部门审查，审查部门及其负责审查的人员对审查结果负责。矿山、金属冶炼建设项目和用于生产、储存、装卸危险物品的建设项目的施工单位必须按照批准的安全设施设计施工，并对安全设施的工程质量负责。矿山、金属冶炼建设项目和用于生产、储存危险物品的建设项目竣工投入生产或者使用前，应当由建设单位负责组织对安全设施进行验收；验收合格后，方可投入生产和使用。安全生产监督管理部门应当加强对建设单位验收活动和验收结果的监督核查。

9. 安全设备管理、特种设备及危险品容器、运输工具特殊管理

生产经营单位应当在有较大危险因素的生产经营场所和有关设施、设备上，设置明显的安全警示标志。安全设备的设计、制造、安装、使用、检测、维修、改造和报废，应当符合国家标准或者行业标准。生产经营单位必须对安全设备进行经常性维护、保养，并定期检测，保证正常运转。维护、保养、检测应当做好记录，并由有关人员签字。生产经营单位不得关闭、破坏直接关系生产安全的监控、报警、防护、救生设备和设施，或者篡改、隐瞒、销毁其相关数据、信息。餐饮等行业的生产经营单位使用燃气的，应当安装可燃气体报警装置，并保障其正常使用。生产经营单位使用的危险物品的容器、运输工具，以及涉及人身安全、危险性较大的海洋石油开采特种设备和矿山井下特种设备，必须按照国家有关规定，由专业生产单位生产，并经具有专业资质的检测、检验机构进行检测、检验合格后，取得安全使用证或者安全标志的，方可投入使用。检测、检验机构对检测、检验结果负责。

10. 严重危及生产安全的工艺、设备淘汰制度

国家对严重危及生产安全的工艺、设备实行淘汰制度，具体目录由国务院应急管理部门会同国务院有关部门制定并公布。生产经营单位不得使用应当淘汰的危及生产安全的工艺、设备。

11. 危险物品及废弃危险物品监督

生产、经营、运输、储存、使用危险物品或者处置废弃危险物品的，由有关主管部门依照有关法律、法规的规定和国家标准或者行业标准审批并实施监督管理。生产经营单位生产、经营、运输、储存、使用危险物品或者处置废弃危险物品，必须按有关法律、法规和国家标准或者行业标准执行，建立专门的安全管理制度，采取可靠的安全措施，接受有关主管部门依法实施的监督管理。

12. 重大危险源管理

生产经营单位对重大危险源应当登记建档，进行定期检测、评估、监控，并制定应急预案，告知从业人员和相关人员在紧急情况下应当采取的应急措施。生产经营单位应当按照国家有关规定将本单位重大危险源及有关安全措施、应急措施报地方人民政府应急管理部门和有关部门备案，地方人民政府应急管理部门和有关部门应当通过相关信息系统实现信息共享。生产经营单位应当建立安全风险分级管控制度，按照安全风险分级采取相应的管控措施。生产经营单位应当建立健全并落实生产安全事故隐患排查治理制度，采取技术、管理措施，及时发现并消除事故隐患。事故隐患排查治理情况应当如实记录，并通过职工大会或者职工代表大会、信息公示栏等方式向从业人员通报。其中，重大事故隐患排查治理情况应当及时向负有安全生产监督管理职责的部门和职工大会或

者职工代表大会报告。县级以上地方各级人民政府负有安全生产监督管理职责的部门应当将重大事故隐患纳入相关信息系统，建立健全重大事故隐患治理督办制度，督促生产经营单位消除重大事故隐患。

13. 生产经营场所和宿舍安全要求

生产、经营、储存、使用危险物品的车间、商店、仓库不得与员工宿舍在同一座建筑物内，并应当与员工宿舍保持安全距离。生产经营场所和员工宿舍应当设有符合紧急疏散要求、标志明显、保持畅通的安全出口。禁止锁闭、封堵生产经营场所或者员工宿舍的出口。

14. 危险作业现场的安全管理

生产经营单位进行爆破、吊装以及国务院应急管理部门会同国务院有关部门规定的其他危险作业，应当安排专门人员进行现场安全管理，确保操作规程的遵守和安全措施的落实。

15. 安全检查和报告义务

生产经营单位应当教育和督促从业人员严格执行本单位的安全生产规章制度和安全操作规程，并向从业人员如实告知作业场所和工作岗位存在的危险因素、防范措施以及事故应急措施。生产经营单位应当关注从业人员的身体、心理状况和行为习惯，加强对从业人员的心理疏导、精神慰藉，严格落实岗位安全生产责任，防范从业人员行为异常导致事故发生。生产经营单位必须为从业人员提供符合国家标准或者行业标准的劳动防护用品，并监督、教育从业人员按照使用规则佩戴、使用。

16. 生产经营单位发包或者出租情况下的安全生产责任

生产经营单位的安全生产管理人员应当根据本单位的生产经营特点，对安全生产状况进行经常性检查；对检查中发现的安全问题，应当立即处理；不能处理的，应当及时报告本单位有关负责人，有关负责人应当及时处理。检查及处理情况应当如实记录在案。生产经营单位的安全生产管理人员在检查中发现重大事故隐患，依照前款规定向本单位有关负责人报告，有关负责人不及时处理的，安全生产管理人员可以向主管的负有安全生产监督管理职责的部门报告，接到报告的部门应当依法及时处理。

生产经营单位应当安排用于配备劳动防护用品、进行安全生产培训的经费。两个以上生产经营单位在同一作业区域内进行生产经营活动，可能危及对方生产安全的，应当签订安全生产管理协议，明确各自的安全生产管理职责和应当采取的安全措施，并指定专职安全生产管理人员进行安全检查与协调。

生产经营单位不得将生产经营项目、场所、设备发包或者出租给不具备安全生产条件或者相应资质的单位或者个人。生产经营项目、场所发包或者出租给其他单位的，生产经营单位应当与承包单位、承租单位签订专门的安全生产管理协议，或者在承包合同、租赁合同中约定各自的安全生产管理职责；生产经营单位对承包单位、承租单位的安全生产工作统一协调、管理，定期进行安全检查，发现安全问题的，应当及时督促整改。矿山、金属冶炼建设项目和用于生产、储存、装卸危险物品的建设项目的施工单位应当加强对施工项目的安全管理，不得倒卖、出租、出借、挂靠或者以其他形式非法转让施工资质，不得将其承包的全部建设工程转包给第三人或者将其承包的全部建设工程肢解以后以分包的名义分别转包给第三人，不得将工程分包给不具备相应资质条件的单位。

17. 生产安全事故及工伤处理

生产经营单位发生生产安全事故时，单位的主要负责人应当立即组织抢救，并不得在事故调查处理期间擅离职守。生产经营单位必须依法参加工伤保险，为从业人员缴纳保险费。国家鼓励生产经营单位投保安全生产责任保险；属于国家规定的高危行业、领域的生产经营单位，应当投保安全生产责任保险。具体范围和实施办法由国务院应急管理部门会同国务院财政部门、国务院保险监督管理机构和相关行业主管部门制定。

二、从业人员权利和义务的规定

《安全生产法》规定的从业人员权利和义务主要有：

①从业人员与生产经营单位订立的劳动合同应当载明与从业人员劳动安全有关的事项，以及生产经营单位不得以协议免除或者减轻安全事故伤亡责任。

②从业人员有权了解其作业场所和工作岗位存在的危险因素、防范措施及事故应急措施，有权对本单位的安全生产工作提出建议。

③从业人员有权对本单位存在的安全问题提出批评、检举、控告，有权拒绝违章指挥和强令冒险作业。

④从业人员发现直接危及人身安全的紧急情况时，有权停止作业或者在采取可能的应急措施后撤离作业场所。生产经营单位不得因从业人员在前款紧急情况下停止作业或者采取紧急撤离措施而降低其工资、福利等待遇或者解除与其订立的劳动合同。

⑤生产经营单位发生生产安全事故后，应当及时采取措施救治有关人员。因生产安全事故受到损害的从业人员，除依法享有工伤保险外，依照有关民事法律尚有获得赔偿的权利，有权提出赔偿要求。

⑥从业人员在作业过程中，应当严格落实岗位安全责任，遵守本单位的安全生产规章制度和操作规程，服从管理，正确佩戴和使用劳动防护用品。

⑦从业人员应当接受安全生产教育和培训，掌握本职工作所需的安全生产知识，提高安全生产技能，增强事故预防和应急处理能力。

⑧从业人员发现事故隐患或者其他不安全因素，应当立即向现场安全生产管理人员

或者本单位负责人报告；接到报告的人员应当及时予以处理。

⑨生产经营单位使用被派遣劳动者的，被派遣劳动者享有《安全生产法》规定的从业人员的权利，履行从业人员的义务。

三、安全生产监督管理的规定

《安全生产法》对安全生产监督管理作出如下规定：

1. 政府及安全生产监督管理部门的职责

县级以上地方各级人民政府应当根据本行政区域内的安全生产状况，组织有关部门按照职责分工，对本行政区域内容易发生重大生产安全事故的生产经营单位进行严格检查。安全生产监督管理部门应当按照分类分级监督管理的要求，制订安全生产年度监督检查计划，并按照年度监督检查计划进行监督检查，发现事故隐患，应当及时处理。

2. 安全生产事项的审批

负有安全生产监督管理职责的部门依照有关法律、法规的规定，对涉及安全生产的事项需要审查批准（包括批准、核准、许可、注册、认证、颁发证照等，下同）或者验收的，必须严格依照有关法律、法规和国家标准或者行业标准规定的安全生产条件和程序进行审查；不符合有关法律、法规和国家标准或者行业标准规定的安全生产条件的，不得批准或者验收通过。对未依法取得批准或者验收不合格的单位擅自从事有关活动的，负责行政审批的部门发现或者接到举报后应当立即予以取缔，并依法予以处理。对已经依法取得批准的单位，负责行政审批的部门发现其不再具备安全生产条件的，应当撤销原批准。

3. 政府监管的要求

负有安全生产监督管理职责的部门对涉及安全生产的事项进行审查、验收，不得收取费用；不得要求接受审查、验收的单位购买其指定品牌或者指定生产、销售单位的安全设备、器材或者其他产品。

4. 监督检查的实施

安全生产监督管理部门和其他负有安全生产监督管理职责的部门依法开展安全生产行政执法工作，对生产经营单位执行有关安全生产的法律、法规和国家标准或者行业标准的情况进行监督检查，行使以下职权：

①进入生产经营单位进行检查，调阅有关资料，向有关单位和人员了解情况。

②对检查中发现的安全生产违法行为，当场予以纠正或者要求限期改正；对依法应当给予行政处罚的行为，依照本法和其他有关法律、行政法规的规定作出行政处罚决定。

③对检查中发现的事故隐患，应当责令立即排除；重大事故隐患排除前或者排除过程中无法保证安全的，应当责令从危险区域内撤出作业人员，责令暂时停产停业或者停止使用相关设施、设备；重大事故隐患排除后，经审查同意，方可恢复生产经营和使用。

④对有根据认为不符合保障安全生产的国家标准或者行业标准的设施、设备、器材及违法生产、储存、使用、经营、运输的危险物品予以查封或者扣押，对违法生产、储存、使用、经营危险物品的作业场所予以查封，并依法作出处理决定。监督检查不得影响被检查单位的正常生产经营活动。

生产经营单位对负有安全生产监督管理职责的部门的监督检查人员（以下统称安全生产监督检查人员）依法履行监督检查职责，应当予以配合，不得拒绝、阻挠。安全生产监督检查人员应当忠于职守、坚持原则、秉公执法。

安全生产监督检查人员执行监督检查任务时，必须出示有效的监督执法证件；涉及被检查单位的技术秘密和业务秘密时，应当为其保密。安全生产监督检查人员应当将检查的时间、地点、内容、发现的问题及其处理情况进行书面记录，并由检查人员和被检查单位的负责人签字；被检查单位的负责人拒绝签字的，检查人员应当将情况记录在案，并向负有安全生产监督管理职责的部门报告。

负有安全生产监督管理职责的部门在监督检查中，应当互相配合，实行联合检查；确需分别进行检查的，应当互通情况，发现存在的安全问题应当由其他有关部门进行处理的，应当及时移送其他有关部门并形成记录备查，接受移送的部门应当及时进行处理。

负有安全生产监督管理职责的部门依法对存在重大事故隐患的生产经营单位作出停产停业、停止施工、停止使用相关设施或者设备的决定，生产经营单位应当依法执行，及时消除事故隐患。生产经营单位拒不执行，有发生生产安全事故的现实危险的，在保证安全的前提下，经本部门主要负责人批准，负有安全生产监督管理职责的部门可以采取通知有关单位停止供电、停止供应民用爆炸物品等措施，强制生产经营单位履行决定。通知应当采用书面形式，有关单位应当予以配合。

负有安全生产监督管理职责的部门依照前款规定采取停止供电措施，除有危及生产安全的紧急情形外，应当提前 24 小时通知生产经营单位。生产经营单位依法履行行政决定、采取相应措施消除事故隐患的，负有安全生产监督管理职责的部门应当及时解除前款规定的措施。监察机关依照行政监察法的规定，对负有安全生产监督管理职责的部门及其工作人员履行安全生产监督管理职责实施监察。

承担安全评价、认证、检测、检验职责的机构应当具备国家规定的资质条件，并对其作出的安全评价、认证、检测、检验结果的合法性、真实性负责。资质条件由国务院应急管理部门会同国务院有关部门制定。承担安全评价、认证、检测、检验职责的机构应当建立并实施服务公开和报告公开制度，不得租借资质、挂靠、出具虚假报告。负有安全生产监督管理职责的部门应当建立举报制度，公开举报电话、信箱或者电子邮件地址等网络举报平台，受理有关安全生产的举报；受理的举报事项经调查核实后，应当形成书面材料；需要落实整改措施的，报经有关负责人签字并督促落实。对不属于本部门职责，需要由其他有关部门进行调查处理的，转交其他有关部门处理。涉及人员死亡的举报事项，应当由县级以上人民政府组织核查处理。

5. 安全生产举报制度

任何单位或者个人发现事故隐患或者安全生产违法行为，均有权向负有安全生产监督管理职责的部门报告或者举报。因安全生产违法行为造成重大事故隐患或者导致重大事故，致使国家利益或者社会公共利益受到侵害的，人民检察院可以根据民事诉讼法、行政诉讼法的相关规定提起公益诉讼。居民委员会、村民委员会发现其所在区域内的生产经营单位存在事故隐患或者安全生产违法行为时，应当向当地人民政府或者有关部门报告。县级以上各级人民政府及其有关部门对报告重大事故隐患或者举报安全生产违法行为的有功人员，给予奖励。具体奖励办法由国务院应急管理部门会同国务院财政部门制定。

6. 安全生产舆论监督及信息记录公告

新闻、出版、广播、电影、电视等单位有进行安全生产公益宣传教育的义务，有对违反安全生产法律、法规的行为进行舆论监督的权利。负有安全生产监督管理职责的部门应当建立安全生产违法行为信息库，如实记录生产经营单位及其有关从业人员的安全生产违法行为信息；对违法行为情节严重的生产经营单位及其有关从业人员，应当及时向社会公告，并通报行业主管部门、投资主管部门、自然资源主管部门、生态环境主管部门、证券监督管理机构及有关金融机构。有关部门和机构应当对存在失信行为的生产经营单位及其有关从业人员采取加大执法检查频次、暂停项目审批、上调有关保险费率、行业或者职业禁入等联合惩戒措施，并向社会公示。负有安全生产监督管理职责的部门应当加强对生产经营单位行政处罚信息的及时归集、共享、应用和公开，对生产经营单位作出处罚决定后 7 个工作日内在监督管理部门公示系统予以公布，强化对违法失信生产经营单位及其有关从业人员的社会监督，提高全社会安全生产诚信水平。

四、事故应急救援和调查处理的规定

《安全生产法》对生产安全事故的应急救援和调查处理作出如下规定：

1. 安全生产责任事故应急救援

1）县级以上地方各级人民政府应当组织有关部门制定本行政区域内特大生产安全事故应急救援预案，建立应急救援体系。乡镇人民政府和街道办事处，以及开发区、工业园区、港区、风景区等应当制定相应的生产安全事故应急救援预案，协助人民政府有关部门或者按照授权依法履行生产安全事故应急救援工作职责。

2）危险物品的生产、经营、储存单位以及矿山、建筑施工单位应当建立应急救援组织；生产经营规模较小的单位，可以不建立应急救援组织的，应当指定兼职的应急救援人员。

3）危险物品的生产、经营、储存单位以及矿山、建筑施工单位应当配备必要的应急救援器材、设备，并进行经常性维护、保养，保证正常运转。

2. 安全生产责任事故报告

1）生产经营单位发生生产安全事故后，事故现场有关人员应当立即报告本单位负责人。

2）负有安全生产监督管理职责的部门接到事故报告后，应当立即按照国家有关规定上报事故情况。负有安全生产监督管理职责的部门和有关地方人民政府对事故情况不得隐瞒不报、谎报或者迟报。

3）有关地方人民政府和负有安全生产监督管理职责部门的负责人接到重大生产安全事故报告后，应当立即赶到事故现场，组织事故抢救。

3. 安全生产责任事故调查处理

1）事故调查处理应当按照科学严谨、依法依规、实事求是、注重实效的原则，及时、准确地查清事故原因，查明事故性质和责任，评估应急处置工作，总结事故教训，提出整改措施，并对事故责任单位和人员提出处理建议。事故调查报告应当依法及时向社会公布。事故调查和处理的具体办法由国务院制定。事故发生单位应当及时全面落实整改措施，负有安全生产监督管理职责的部门应当加强监督检查。负责事故调查处理的国务院有关部门和地方人民政府应当在批复事故调查报告后 1 年内，组织有关部门对事故整改和防范措施落实情况进行评估，并及时向社会公布评估结果；对不履行职责导致事故整改和防范措施没有落实的有关单位和人员，应当按照有关规定追究责任。

2）生产经营单位发生生产安全事故，经调查确定为责任事故的，除应当查明事故单位的责任并依法予以追究外，还应当查明对安全生产的有关事项负有审查批准和监督职责的行政部门的责任，对有失职、渎职行为的，追究法律责任。

3）任何单位和个人不得阻挠和干涉对事故的依法调查处理。

4）县级以上地方各级人民政府负责安全生产监督管理的部门应当定期统计分析本行政区域内发生生产安全事故的情况，并定期向社会公布。

五、施工单位违法行为的规定

《安全生产法》规定了安全生产违法行为的法律责任。包括行政责任、民事责任和刑事责任。

第四节 劳动法和劳动合同法

一、劳动安全卫生的规定

《劳动法》对劳动安全卫生的规定有 6 条，包括劳动安全卫生制度、劳动安全卫生设施、劳动防护用品、从业资格、劳动者义务和权益、伤亡事故和职业病统计报告和处理制度。

1. 劳动安全卫生制度

用人单位必须建立健全劳动安全卫生制度，严格执行国家劳动安全卫生规程和标准，对劳动者进行劳动安全卫生教育，防止劳动过程中发生事故，减少职业危害。

2. 劳动安全卫生设施

劳动安全卫生设施必须符合国家规定的标准。新建、改建、扩建工程的劳动安全卫生设施必须与主体工程同时设计、同时施工、同时投入生产和使用。

3. 劳动防护用品

用人单位必须为劳动者提供符合国家规定的劳动安全卫生条件和必要的劳动防护用品，对从事有职业危害作业的劳动者应当定期进行健康检查。

4. 从业资格

从事特种作业的劳动者必须经过专门培训并取得特种作业资格。

5. 劳动者义务和权益

劳动者在劳动过程中必须严格遵守安全操作规程。劳动者对用人单位管理人员违章指挥、强令冒险作业的，有权拒绝执行；对危害生命安全和身体健康的行为，有权提出批评、检举和控告。

6. 伤亡事故和职业病统计报告和处理制度

国家建立伤亡事故和职业病统计报告和处理制度。县级以上各级人民政府劳动行政部门、有关部门和用人单位应当依法对劳动者在劳动过程中发生的伤亡事故和劳动者的职业病状况进行统计、报告和处理。

二、劳动合同和集体合同的规定

《劳动合同法》关于劳动合同和集体合同的规定如下：

1. 劳动合同

（1）劳动合同的订立

用人单位自用工之日起即与劳动者建立劳动关系。用人单位应当建立职工名册备查。用人单位招用劳动者时，应当如实告知劳动者工作内容、工作条件、工作地点、职业危害、安全生产状况、劳动报酬，以及劳动者要求了解的其他情况；用人单位有权了解劳动者与劳动合同直接相关的基本情况，劳动者应当如实说明。

用人单位招用劳动者，不得扣押劳动者的居民身份证和其他证件，不得要求劳动者提供担保或者以其他名义向劳动者收取财物。

已建立劳动关系，但未订立书面劳动合同的，应当自用工之日起 1 个月内订立书面劳动合同。用人单位与劳动者在用工前订立劳动合同的，劳动关系自用工之日起建立。

用人单位未在用工的同时订立书面劳动合同，与劳动者约定的劳动报酬不明确的，新招用的劳动者的劳动报酬按照集体合同规定的标准执行；没有集体合同或者集体合同未规定的，实行同工同酬。

（2）劳动合同的条款

劳动合同应当具备以下条款：

①用人单位的名称、住所和法定代表人或者主要负责人；

②劳动者的姓名、住址和居民身份证或者其他有效身份证件号码；

③劳动合同期限；

④工作内容和工作地点；

⑤工作时间和休息休假；

⑥劳动报酬；

⑦社会保险；

⑧劳动保护、劳动条件和职业危害防护；

⑨法律、法规规定应当纳入劳动合同的其他事项。

劳动合同除前款规定的必备条款外，用人单位与劳动者可以约定试用期、培训、保守秘密、补充保险和福利待遇等其他事项。

（3）劳动合同的期限

劳动合同期限 3 个月以上不满 1 年的，试用期不得超过 1 个月；劳动合同期限 1 年以上不满 3 年的，试用期不得超过 2 个月；3 年以上固定期限和无固定期限的劳动合同，试用期不得超过 6 个月。

（4）劳动合同无效情形

下列劳动合同无效或者部分无效：

①以欺诈、胁迫的手段或者乘人之危，使对方在违背真实意思的情况下订立或者变更劳动合同的；

②用人单位免除自己的法定责任、排除劳动者权利的；

③违反法律、行政法规强制性规定的。

对劳动合同的无效或者部分无效有争议的，由劳动争议仲裁机构或者人民法院给予确认。

（5）劳动合同的履行和变更

用人单位与劳动者应当按照劳动合同的约定，全面履行各自的义务。用人单位应当按照劳动合同约定和国家规定向劳动者及时足额支付劳动报酬。用人单位拖欠或者未足额支付劳动报酬的，劳动者可以依法向当地人民法院申请支付令，人民法院应当依法发出支付令。

用人单位应当严格执行劳动定额标准，不得强迫或者变相强迫劳动者加班。用人单位安排加班的，应当按照国家有关规定向劳动者支付加班费。

用人单位与劳动者协商一致，可以变更劳动合同约定的内容。变更劳动合同应当采用书面形式。变更后的劳动合同文本由用人单位和劳动者各执一份。

（6）劳动合同的解除和终止

①时间：劳动者提前30日以书面形式通知用人单位，可以解除劳动合同。劳动者在试用期内提前3日通知用人单位，可以解除劳动合同。

②用人单位有下列情形之一的，劳动者可以解除劳动合同：未按照劳动合同约定提供劳动保护或者劳动条件的；未及时足额支付劳动报酬的；未依法为劳动者缴纳社会保险费的；用人单位的规章制度违反法律、法规的规定，损害劳动者权益的；因《劳动合同法》第二十六条第一款规定的情形致使劳动合同无效的；法律、行政法规规定劳动者可以解除劳动合同的其他情形。

用人单位以暴力、威胁或者非法限制人身自由的手段强迫劳动者劳动的，或者用人单位违章指挥、强令冒险作业危及劳动者人身安全的，劳动者可以立即解除劳动合同，无须事先告知用人单位。

③劳动者有下列情形之一的，用人单位可以解除劳动合同：在试用期间被证明不符合录用条件的；严重违反用人单位的规章制度的；严重失职，营私舞弊，给用人单位造成重大损失的；劳动者同时与其他用人单位建立劳动关系，对完成本单位的工作任务造成严重影响，或者经用人单位提出，拒不改正的；因《劳动合同法》第二十六条第一款第一项规定的情形致使劳动合同无效的；被依法追究刑事责任的。

（7）不得解除劳动合同的情形

劳动者有下列情形之一的，用人单位不得解除劳动合同：

①从事接触职业病危害作业的劳动者未进行离岗前职业健康检查，或者疑似职业病病人在诊断或者医学观察期间的。

②在本单位患职业病或者因工负伤并被确认丧失或者部分丧失劳动能力的。

③患病或者非因工负伤，在规定的医疗期内的。

④女职工在孕期、产期和哺乳期的。

⑤在本单位连续工作满 15 年，且距法定退休年龄不足 5 年的。

⑥法律、行政法规规定的其他情形。

（8）劳动合同的终止

有下列情形之一的，劳动合同终止：

①劳动合同期满的。

②劳动者开始依法享受基本养老保险待遇的。

③劳动者死亡，或者被人民法院宣告死亡或者宣告失踪的。

④用人单位被依法宣告破产的。

⑤用人单位被吊销营业执照、责令关闭、撤销或者用人单位决定提前解散的。

⑥法律、行政法规规定的其他情形。

2. 集体合同

（1）集体合同的概念

企业职工一方与用人单位通过平等协商，可以就劳动报酬、工作时间、休息休假、劳动安全卫生、保险福利等事项订立集体合同。集体合同草案应当提交职工代表大会或者全体职工讨论通过。集体合同由工会代表企业职工一方与用人单位订立；尚未建立工会的用人单位，由上级工会指导劳动者推举的代表与用人单位订立。企业职工一方与用人单位可以订立劳动安全卫生、女职工权益保护、工资调整机制等专项集体合同。在县级以下区域内，建筑业、采矿业、餐饮服务业等行业可以由工会与企业方面代表订立行业性集体合同，或者订立区域性集体合同。

（2）集体合同的订立

集体合同订立后，应当报送劳动行政部门；劳动行政部门自收到集体合同文本之日起 15 日内未提出异议的，集体合同即行生效。

（3）集体合同的效力

依法订立的集体合同对用人单位和劳动者具有同等约束力。行业性、区域性集体合同对当地本行业、本区域的用人单位和劳动者具有同等约束力。

（4）集体合同劳动报酬的标准

集体合同中劳动报酬和劳动条件等标准不得低于当地人民政府规定的最低标准；用人单位与劳动者订立的劳动合同中劳动报酬和劳动条件等标准不得低于集体合同规定的标准。

（5）违反集体合同的处理

用人单位违反集体合同，侵犯职工劳动权益的，工会可以依法要求用人单位承担责任；因履行集体合同发生争议，经协商解决不成的，工会可以依法申请仲裁、提起诉讼。

第五节　消防法

一、建设工程火灾预防及灭火救援的相关规定

1. 建设工程火灾预防的相关规定

（1）建设工程消防质量责任

建设工程的消防设计、施工必须符合国家工程建设消防技术标准。建设、设计、施工、工程监理等单位依法对建设工程的消防设计、施工质量负责。

（2）消防设计审查和验收

①对按照国家工程建设消防技术标准需要进行消防设计的建设工程，实行建设工程消防设计审查验收制度。

②国务院住房和城乡建设主管部门规定的特殊建设工程，建设单位应当将消防设计文件报送住房和城乡建设主管部门审查，住房和城乡建设主管部门依法对审查的结果负责。

上述①规定以外的其他建设工程，建设单位申请领取施工许可证或者申请批准开工报告时应当提供满足施工需要的消防设计图纸及技术资料。

③特殊建设工程未经消防设计审查或者审查不合格的，建设单位、施工单位不得施工；其他建设工程，建设单位未提供满足施工需要的消防设计图纸及技术资料的，有关部门不得发放施工许可证或者批准开工报告。

④国务院住房和城乡建设主管部门规定应当申请消防验收的建设工程竣工，建设单位应当向住房和城乡建设主管部门申请消防验收。

上述③规定以外的其他建设工程，建设单位在验收后应当报住房和城乡建设主管部门备案，住房和城乡建设主管部门应当进行抽查。

依法应当进行消防验收的建设工程，未经消防验收或者消防验收不合格的，禁止投入使用；其他建设工程经依法抽查不合格的，应当停止使用。

（3）消防产品的使用和监督检查

①消防产品必须符合国家标准；没有国家标准的，必须符合行业标准。禁止生产、销售或者使用不合格的消防产品以及国家明令淘汰的消防产品。依法实行强制性产品认证的消防产品，由具有法定资质的认证机构按照国家标准、行业标准的强制性要求认证合格后，方可生产、销售和使用。实行强制性产品认证的消防产品目录，由国务院产品

质量监督部门会同国务院应急管理部门制定并公布。新研制的尚未制定国家标准、行业标准的消防产品，应当按照国务院产品质量监督部门会同国务院应急管理部门规定的办法，经技术鉴定符合消防安全要求的，方可生产、销售和使用。

②产品质量监督部门、工商行政管理部门、消防救援机构应当按照各自职责加强对消防产品质量的监督检查。

③建筑构件、建筑材料和室内装修、装饰材料的防火性能必须符合国家标准；没有国家标准的，必须符合行业标准。

人员密集场所室内装修、装饰，应当按照消防技术标准的要求，使用不燃、难燃材料。

④电器产品、燃气用具的产品标准，应当符合消防安全的要求。

电器产品、燃气用具的安装、使用及其线路、管路的设计、敷设、维护保养、检测，必须符合消防技术标准和管理规定。

（4）消防安全职责

施工单位的主要负责人是本单位的消防安全责任人。

施工单位应当履行下列消防安全职责：

①落实消防安全责任制，制定本单位的消防安全制度、消防安全操作规程，制定灭火和应急疏散预案；

②按照国家标准、行业标准配置消防设施、器材，设置消防安全标志，并定期组织检验、维修，确保完好有效；

③对建筑消防设施每年至少进行一次全面检测，确保完好有效，检测记录应当完整准确，存档备查；

④保障疏散通道、安全出口、消防车通道畅通，保证防火防烟分区、防火间距符合消防技术标准；

⑤组织防火检查，及时消除火灾隐患；

⑥组织进行有针对性的消防演练；

⑦法律、法规规定的其他消防安全职责。

消防安全重点单位除应当履行以上规定的职责外，还应当履行下列消防安全职责：

①确定消防安全管理人，组织实施本单位的消防安全管理工作；

②建立消防档案，确定消防安全重点部位，设置防火标志，实行严格管理；

③实行每日防火巡查，并建立巡查记录；

④对职工进行岗前消防安全培训，定期组织消防安全培训和消防演练。

同一建筑物由两个以上单位管理或者使用的，应当明确各方的消防安全责任，并确定责任人对共用的疏散通道、安全出口、建筑消防设施和消防车通道进行统一管理。

（5）施工现场消防管理

①生产、储存、经营易燃易爆危险品的场所不得与居住场所设置在同一建筑物内，

并应当与居住场所保持安全距离。

生产、储存、经营其他物品的场所与居住场所设置在同一建筑物内的，应当符合国家工程建设消防技术标准。

②禁止在具有火灾、爆炸危险的场所吸烟、使用明火。因施工等特殊情况需要使用明火作业的，应当按照规定事先办理审批手续，采取相应的消防安全措施；作业人员应当遵守消防安全规定。

进行电焊、气焊等具有火灾危险作业的人员和自动消防系统的操作人员，必须持证上岗，并遵守消防安全操作规程。

③生产、储存、运输、销售、使用、销毁易燃易爆危险品，必须执行消防技术标准和管理规定。

进入生产、储存易燃易爆危险品的场所，必须执行消防安全规定。禁止非法携带易燃易爆危险品进入公共场所或者乘坐公共交通工具。储存可燃物资仓库的管理，必须执行消防技术标准和管理规定。

④任何单位、个人不得损坏、挪用或者擅自拆除、停用消防设施、器材，不得埋压、圈占、遮挡消火栓或者占用防火间距，不得占用、堵塞、封闭疏散通道、安全出口、消防车通道。人员密集场所的门窗不得设置影响逃生和灭火救援的障碍物。

⑤负责公共消防设施维护管理的单位，应当保持消防供水、消防通信、消防车通道等公共消防设施的完好有效。在修建道路以及停电、停水、截断通信线路时有可能影响消防队灭火救援的，有关单位必须事先通知当地消防救援机构。

2. 建设工程灭火救援的相关规定

任何人发现火灾都应当立即报警。任何单位、个人都应当无偿为报警提供便利，不得阻拦报警。严禁谎报火警。

人员密集场所发生火灾，该场所的现场工作人员应当立即组织、引导在场人员疏散。任何单位发生火灾，必须立即组织力量扑救。邻近单位应当给予支援。消防队接到火警，必须立即赶赴火灾现场，救助遇险人员，排除险情，扑灭火灾。

对因参加扑救火灾或者应急救援受伤、致残或者死亡的人员，按照国家有关规定给予医疗、抚恤。

消防救援机构有权根据需要封闭火灾现场，负责调查火灾原因，统计火灾损失。火灾扑灭后，发生火灾的单位和相关人员应当按照消防救援机构的要求保护现场，接受事故调查，如实提供与火灾有关的情况。消防救援机构根据火灾现场勘验、调查情况和有关的检验、鉴定意见，及时制作火灾事故认定书，作为处理火灾事故的证据。

二、施工单位违法行为的规定

1）违反《消防法》规定，有下列行为之一的，由住房和城乡建设主管部门、消防救援机构按照各自职权责令停止施工、停止使用或者停产停业，并处 3 万元以上 30 万元以下的罚款：

①依法应当进行消防设计审查的建设工程，未经依法审查或者审查不合格，擅自施工的；

②依法应当进行消防验收的建设工程，未经消防验收或者消防验收不合格，擅自投入使用的。

2）违反《消防法》规定，有下列行为之一的，由住房和城乡建设主管部门责令改正或者停止施工，并处 1 万元以上 10 万元以下的罚款：

①建筑施工企业不按照消防设计文件和消防技术标准施工，降低消防施工质量的；

②工程监理单位与建设单位或者建筑施工企业串通，弄虚作假，降低消防施工质量的。

3）单位违反《消防法》规定，有下列行为之一的，责令改正，处 5 000 元以上 5 万元以下的罚款：

①消防设施、器材或者消防安全标志的配置、设置不符合国家标准、行业标准，或者未保持完好有效的；

②损坏、挪用或者擅自拆除、停用消防设施、器材的；

③占用、堵塞、封闭疏散通道、安全出口或者有其他妨碍安全疏散行为的；

④埋压、圈占、遮挡消火栓或者占用防火间距的；

⑤占用、堵塞、封闭消防车通道，妨碍消防车通行的；

⑥人员密集场所在门窗上设置影响逃生和灭火救援的障碍物的；

⑦对火灾隐患经消防救援机构通知后不及时采取措施消除的。

个人有如②、③、④、⑤所述行为之一的，处警告或者 500 元以下的罚款。

有如③、④、⑤、⑥所述行为，经责令改正拒不改正的，强制执行，所需费用由违法行为人承担。

4）生产、储存、经营易燃易爆危险品的场所与居住场所设置在同一建筑物内，或者未与居住场所保持安全距离的，责令停产停业，并处 5 000 元以上 5 万元以下的罚款。

生产、储存、经营其他物品的场所与居住场所设置在同一建筑物内，不符合消防技术标准的，责令停产停业，并处 5 000 元以上 5 万元以下的罚款。

5）违反《消防法》规定，有下列行为之一的，处警告或者 500 元以下的罚款；情节严重的，处 5 日以下的拘留：

①违反消防安全规定进入生产、储存易燃易爆危险品场所的。

②违反规定使用明火作业或者在具有火灾、爆炸危险的场所吸烟、使用明火的。

6）违反《消防法》规定，有下列行为之一，尚不构成犯罪的，处 10 日以上 15 日以下的拘留，可以并处 500 元以下的罚款；情节较轻的，处警告或者 500 元以下的罚款：

①指使或者强令他人违反消防安全规定，冒险作业的。

②过失引起火灾的。

③在火灾发生后阻拦报警，或者负有报告职责的人员不及时报警的。

④扰乱火灾现场秩序，或者拒不执行火灾现场指挥员指挥，影响灭火救援的。

⑤故意破坏或者伪造火灾现场的。

⑥擅自拆封或者使用被消防救援机构查封的场所、部位的。

7）人员密集场所使用不合格的消防产品或者国家明令淘汰的消防产品的，责令限期改正；逾期不改正的，处 5 000 元以上 5 万元以下的罚款，并对其直接负责的主管人员和其他直接责任人员处 500 元以上 2 000 元以下的罚款；情节严重的，责令停产停业。

8）电器产品、燃气用具的安装、使用及其线路、管路的设计、敷设、维护保养、检测不符合消防技术标准和管理规定的，责令限期改正；逾期不改正的，责令停止使用，可以并处 1 000 元以上 5 000 元以下的罚款。

9）机关、团体、企业、事业等单位违反《消防法》第十六条、第十七条、第十八条、第二十一条第二款规定的，责令限期改正；逾期不改正的，对其直接负责的主管人员和其他直接责任人员依法给予处分或者给予警告处罚。

10）人员密集场所发生火灾，该场所的现场工作人员不履行组织、引导在场人员疏散的义务，情节严重，尚不构成犯罪的，处 5 日以上 10 日以下的拘留。

11）消防设施维护保养检测、消防安全评估等消防技术服务机构，不具备从业条件从事消防技术服务活动或者出具虚假文件的，由消防救援机构责令改正，处 5 万元以上 10 万元以下的罚款，并对直接负责的主管人员和其他直接责任人员处 1 万元以上 5 万元以下的罚款；不按照国家标准、行业标准开展消防技术服务活动的，责令改正，处 5 万元以下的罚款，并对直接负责的主管人员和其他直接责任人员处 1 万元以下的罚款；有违法所得的，并处没收违法所得；给他人造成损失的，依法承担赔偿责任；情节严重的，依法责令停止执业或者吊销相应资格；造成重大损失的，由相关部门吊销营业执照，并对有关责任人员采取终身市场禁入措施。

消防设施维护保养检测、消防安全评估等消防技术服务机构出具失实文件，给他人造成损失的，依法承担赔偿责任；造成重大损失的，由消防救援机构依法责令停止执业或者吊销相应资格，由相关部门吊销营业执照，并对有关责任人员采取终身市场禁入措施。

第六节　建设工程安全生产管理条例

一、施工单位安全责任的规定

1. 工程承揽

施工单位从事建设工程的新建、扩建、改建和拆除等活动，应当具备国家规定的注册资本、专业技术人员、技术装备和安全生产等条件，依法取得相应等级的资质证书，并在其资质等级许可的范围内承揽工程。

2. 安全生产责任制度

施工单位主要负责人依法对本单位的安全生产工作全面负责。施工单位应当建立健全安全生产责任制度和安全生产教育培训制度，制定安全生产规章制度和操作规程，保证本单位安全生产条件所需资金的投入，对所承担的建设工程进行定期和专项安全检查，并做好安全检查记录。

施工单位的项目负责人应当由取得相应执业资格的人员担任，对建设工程项目的安全施工负责，落实安全生产责任制度、安全生产规章制度和操作规程，确保安全生产费用的有效使用，并根据工程的特点组织制定安全施工措施，消除安全事故隐患，及时、如实报告生产安全事故。

3. 安全施工费用管理

施工单位对列入建设工程概算的安全作业环境及安全施工措施所需费用，应当用于施工安全防护用具及设施的采购和更新、安全施工措施的落实、安全生产条件的改善，不得挪作他用。

4. 施工现场安全管理

施工单位应当设立安全生产管理机构，配备专职安全生产管理人员。专职安全生产管理人员负责对安全生产进行现场监督检查。发现安全事故隐患，应当及时向项目负责人和安全生产管理机构报告；对违章指挥、违章操作的，应当立即制止。专职安全生产管理人员的配备办法由国务院建设行政主管部门会同国务院其他有关部门制定。建设工程实行施工总承包的，由总承包单位对施工现场的安全生产负总责。总承包单位应当自行完成建设工程主体结构的施工。总承包单位依法将建设工程分包给其他单位的，分包合同中应当明确各自的安全生产方面的权利、义务。总承包单位和分包单位对分包工程的安全生产承担连带责任。分包单位应当服从总承包单位的安全生产管理，分包单位不服从管理导致生产安全事故的，由分包单位承担主要责任。

5. 安全生产教育培训

垂直运输机械作业人员、安装拆卸工、爆破作业人员、起重信号工、登高架设作业人员等特种作业人员，必须按照国家有关规定经过专门的安全作业培训，并取得特种作业操作资格证书后，方可上岗作业。施工单位的主要负责人、项目负责人、专职安全生产管理人员应当经建设行政主管部门或者其他有关部门考核合格后方可任职。施工单位应当对管理人员和作业人员每年至少进行一次安全生产教育培训，其教育培训情况记入个人工作档案。安全生产教育培训考核不合格的人员，不得上岗作业。

作业人员进入新的岗位或者新的施工现场前，应当接受安全生产教育培训。未经教育培训或者教育培训考核不合格的人员，不得上岗作业。施工单位在采用新技术、新工艺、新设备、新材料时，应当对作业人员进行相应的安全生产教育培训。

6. 安全技术措施和专项方案

施工单位应当在施工组织设计中编制安全技术措施和施工现场临时用电方案，对下列达到一定规模的危险性较大的分部分项工程编制专项施工方案，并附安全验算结果，经施工单位技术负责人、总监理工程师签字后实施，由专职安全生产管理人员进行现场监督：

①基坑支护与降水工程；

②土方开挖工程；

③模板工程；

④起重吊装工程；

⑤脚手架工程；

⑥拆除、爆破工程；

⑦国务院建设行政主管部门或者其他有关部门规定的其他危险性较大的工程。

对前款所列工程中涉及深基坑、地下暗挖工程、高大模板工程的专项施工方案，施工单位还应当组织专家进行论证、审查。

建设工程施工前，施工单位负责项目管理的技术人员应当对有关安全施工的技术要求向施工作业班组、作业人员作出详细说明，并由双方签字确认。

7. 施工现场安全防护

施工单位应当在施工现场入口处、施工起重机械、临时用电设施、脚手架、出入通道口、楼梯口、电梯井口、孔洞口、桥梁口、隧道口、基坑边沿、爆破物及有害危险气体和液体存放处等危险部位设置明显的安全警示标志，安全警示标志必须符合国家标准。施工单位应当根据不同施工阶段和周围环境及季节、气候的变化，在施工现场采取相应的安全施工措施。施工现场暂时停止施工的，施工单位应当做好现场防护，所需费用由责任方承担，或者按照合同约定执行。

8. 施工现场卫生、环境与消防安全管理

施工单位应当将施工现场的办公区、生活区与作业区分开设置，并保持安全距离；办公区、生活区的选址应当符合安全性要求。职工的膳食、饮水、休息场所等应当符合卫生标准。施工单位不得在尚未竣工的建筑物内设置员工集体宿舍。施工现场临时搭建的建筑物应当符合安全使用要求。施工现场使用的装配式活动房屋应当具有产品合格证。

施工单位对因建设工程施工可能造成损害的毗邻建筑物、构筑物和地下管线等，应

当采取专项防护措施。施工单位应当遵守有关环境保护法律、法规的规定，在施工现场采取防护措施，防止或者减少粉尘、废气、废水、固体废物、噪声、振动和施工照明对人和环境的危害和污染。在城市市区内的建设工程，施工单位应当对施工现场实行封闭围挡。

施工单位应当在施工现场建立消防安全责任制度，确定消防安全责任人，制定用火、用电、使用易燃易爆材料等各项消防安全管理制度和操作规程，设置消防通道、消防水源，配备消防设施和灭火器材，并在施工现场入口处设置明显标志。

9. 施工机具设备安全管理

施工单位应当向作业人员提供安全防护用具和安全防护服装，并书面告知危险岗位的操作规程和违章操作的危害。作业人员有权对施工现场的作业条件、作业程序和作业方式中存在的安全问题提出批评、检举和控告，有权拒绝违章指挥和强令冒险作业。在施工中发生危及人身安全的紧急情况时，作业人员有权立即停止作业或者在采取必要的应急措施后撤离危险区域。作业人员应当遵守安全施工的强制性标准、规章制度和操作规程，正确使用安全防护用具、机械设备等。施工单位采购、租赁的安全防护用具、机械设备、施工机具及配件，应当具有生产（制造）许可证、产品合格证，并在进入施工现场前进行查验。施工现场的安全防护用具、机械设备、施工机具及配件必须由专人管理，定期进行检查、维修和保养，建立相应的资料档案，并按照国家有关规定及时报废。

施工单位在使用施工起重机械和整体提升脚手架、模板等自升式架设设施前，应当组织有关单位进行验收，也可以委托具有相应资质的检验检测机构进行验收；使用承租的机械设备和施工机具及配件的，由施工总承包单位、分包单位、出租单位和安装单位共同进行验收，验收合格的方可使用。《特种设备安全监察条例》规定的施工起重机械，在验收前应当经有相应资质的检验检测机构监督检验合格。

施工单位应当自施工起重机械和整体提升脚手架、模板等自升式架设设施验收合格之日起30日内，向建设行政主管部门或者其他有关部门登记。登记标志应当置于或者附着于该设备的明显位置。

施工单位应当为施工现场从事危险作业的人员办理意外伤害保险。意外伤害保险费由施工单位支付。实行施工总承包的，由总承包单位支付意外伤害保险费。意外伤害保险期限自建设工程开工之日起至竣工验收合格。

二、施工单位违法行为的规定

1）违反《建设工程安全生产管理条例》（以下简称本条例）的规定，施工起重机械和整体提升脚手架、模板等自升式架设设施安装、拆卸单位有下列行为之一的，责令限期改正，处5万元以上10万元以下的罚款；情节严重的，责令停业整顿，降低资质等级，直至吊销资质证书；造成损失的，依法承担赔偿责任：

①未编制拆装方案、制定安全施工措施的。

②未由专业技术人员现场监督的。

③未出具自检合格证明或者出具虚假证明的。

④未向施工单位进行安全使用说明，办理移交手续的。

施工起重机械和整体提升脚手架、模板等自升式架设设施安装、拆卸单位有前款规定的第①项、第③项行为，经有关部门或者单位职工提出后，对事故隐患仍不采取措施，因而发生重大伤亡事故或者造成其他严重后果，构成犯罪的，对直接责任人员，依照刑法有关规定追究刑事责任。

2）违反本条例的规定，施工单位有下列行为之一的，责令限期改正；逾期未改正的，责令停业整顿，依照《中华人民共和国安全生产法》的有关规定处以罚款；造成重大安全事故，构成犯罪的，对直接责任人员，依照刑法有关规定追究刑事责任：

①未设立安全生产管理机构、配备专职安全生产管理人员或者分部分项工程施工时无专职安全生产管理人员现场监督的。

②施工单位的主要负责人、项目负责人、专职安全生产管理人员、作业人员或者特种作业人员，未经安全教育培训或者经考核不合格即从事相关工作的。

③未在施工现场的危险部位设置明显的安全警示标志，或者未按照国家有关规定在施工现场设置消防通道、消防水源、配备消防设施和灭火器材的。

④未向作业人员提供安全防护用具和安全防护服装的。

⑤未按照规定在施工起重机械和整体提升脚手架、模板等自升式架设设施验收合格后登记的。

⑥使用国家明令淘汰、禁止使用的危及施工安全的工艺、设备和材料的。

3）违反本条例的规定，施工单位挪用列入建设工程概算的安全生产作业环境及安全施工措施所需费用的，责令限期改正，处挪用费用 20%以上 50%以下的罚款；造成损失的，依法承担赔偿责任。

4）违反本条例的规定，施工单位有下列行为之一的，责令限期改正；逾期未改正的，责令停业整顿，并处 5 万元以上 10 万元以下的罚款；造成重大安全事故，构成犯罪的，对直接责任人员，依照刑法有关规定追究刑事责任：

①施工前未对有关安全施工的技术要求作出详细说明的。

②未根据不同施工阶段和周围环境及季节、气候的变化，在施工现场采取相应的安全施工措施，或者在城市市区内的建设工程的施工现场未实行封闭围挡的。

③在尚未竣工的建筑物内设置员工集体宿舍的。

④施工现场临时搭建的建筑物不符合安全使用要求的。

⑤未对因建设工程施工可能造成损害的毗邻建筑物、构筑物和地下管线等采取专项防护措施的。

施工单位有前款规定第④项、第⑤项行为，造成损失的，依法承担赔偿责任。

5）违反本条例的规定，施工单位有下列行为之一的，责令限期改正；逾期未改正的，责令停业整顿，并处10万元以上30万元以下的罚款；情节严重的，降低资质等级，直至吊销资质证书；造成重大安全事故，构成犯罪的，对直接责任人员，依照刑法有关规定追究刑事责任；造成损失的，依法承担赔偿责任：

①安全防护用具、机械设备、施工机具及配件在进入施工现场前未经查验或者查验不合格即投入使用的。

②使用未经验收或者验收不合格的施工起重机械和整体提升脚手架、模板等自升式架设设施的。

③委托不具有相应资质的单位承担施工现场安装、拆卸施工起重机械和整体提升脚手架、模板等自升式架设设施的。

④在施工组织设计中未编制安全技术措施、施工现场临时用电方案或者专项施工方案的。

6）违反本条例的规定，施工单位的主要负责人、项目负责人未履行安全生产管理职责的，责令限期改正；逾期未改正的，责令施工单位停业整顿；造成重大安全事故、重大伤亡事故或者其他严重后果，构成犯罪的，依照刑法有关规定追究刑事责任。

作业人员不服从管理、违反规章制度和操作规程冒险作业造成重大伤亡事故或者其他严重后果，构成犯罪的，依照刑法有关规定追究刑事责任。

施工单位的主要负责人、项目负责人有前款违法行为，尚不够刑事处罚的，处2万元以上20万元以下的罚款或者按照管理权限给予撤职处分；自刑罚执行完毕或者受处分之日起，5年内不得担任任何施工单位的主要负责人、项目负责人。

第七节　建设工程质量管理条例

一、施工单位质量责任和义务的规定

1. 建设工程质量管理的基本制度

（1）工程质量监督管理制度

建设工程质量必须实行政府监督管理。政府对工程质量的监督管理主要以保证工程使用安全和环境质量为主要目的，以法律、法规和强制性标准为依据，以地基基础、主体结构、环境质量和与此有关的工程建设各方主体的质量行为为主要内容，以施工许可制度和竣工验收备案制度为主要手段。

（2）工程竣工验收备案制度

《建设工程质量管理条例》确立了建设工程竣工验收备案制度。该项制度是加强政府监督管理，防止不合格工程流向社会的一个重要手段。结合《建设工程质量管理条例》和《房屋建筑工程和市政基础设施工程竣工验收备案管理暂行办法》（2000 年 4 月 4 日建设部令　第 78 号发布）的有关规定，建设单位应当在工程竣工验收合格后的 15 天内到县级以上人民政府建设行政主管部门或其他有关部门进行备案。建设单位办理工程竣工验收备案应提交以下材料：

①工程竣工验收备案表；

②工程竣工验收报告（竣工验收报告应当包括工程报建日期，施工许可证号，施工图设计文件审查意见，勘察、设计、施工、工程监理等单位分别签署的质量合格文件及验收人员签署的竣工验收原始文件，市政基础设施的有关质量检测和功能性试验资料以及备案机关认为需要提供的有关资料）；

③法律、行政法规规定应当由规划、公安消防、环保等部门出具的认可文件或者准许使用文件；

④施工单位签署的工程质量保修书；

⑤法规、规章规定必须提供的其他文件；

⑥商品住宅还应当提交《住宅质量保证书》和《住宅使用说明书》。

建设行政主管部门或其他有关部门收到建设单位的竣工验收备案文件后，依据质量监督机构的监督报告，发现建设单位在竣工验收过程中有违反国家有关建设工程质量管理规定行为的，责令停止该工程的使用，重新组织竣工验收后再办理竣工验收备案。

（3）工程质量事故报告制度

建设工程发生质量事故后，有关单位应当在 24 小时内向当地建设行政主管部门和其他有关部门报告。对重大质量事故，事故发生地的建设行政主管部门和其他有关部门应当按照事故类别和等级向当地人民政府和上级建设行政主管部门和其他有关部门报告。

（4）工程质量检举、控告、投诉制度

《建筑法》与《建设工程质量管理条例》均明确，任何单位和个人对建设工程的质量事故、质量缺陷都有权检举、控告、投诉。工程质量检举、控告、投诉制度是为了更好地发挥群众监督和社会舆论监督的作用，是保证建设工程质量的一项有效措施。

2. 施工单位的质量责任和义务

《建设工程质量管理条例》第四章明确了施工单位的质量责任和义务。施工单位应当依法取得相应资质等级的证书，并在其资质等级许可的范围内承揽工程。施工单位不得转包或违法分包工程。总承包单位与分包单位对分包工程的质量承担连带责任。施工单位必须按照工程设计图纸和施工技术标准施工，不得擅自修改工程设计，不得偷工减料。

施工单位必须按照工程设计要求、施工技术标准和合同约定，对建筑材料、建筑构配件、设备和商品混凝土进行检验，未经检验或检验不合格的不得使用。施工人员对涉及结构安全的试块、试件以及有关材料，应在建设单位或工程监理单位监督下现场取样，并送至具有相应资质等级的质量检测单位进行检测。建设工程实行质量保修制度，承包单位应履行保修义务。

3. 建设工程质量保修

建设工程质量保修制度是指建设工程在办理竣工验收手续后，在规定的保修期限内，因勘察、设计、施工、材料等原因造成的质量缺陷，应当由施工承包单位负责维修、返工或更换，由责任单位负责赔偿损失的保修制度。建设工程实行质量保修制度是落实建设工程质量责任的重要措施。

1）建设工程承包单位在向建设单位提交竣工验收报告时，应当向建设单位出具质量保修书。质量保修书中应当明确建设工程的保修范围、保修期限和保修责任等。保修范围和正常使用条件下的最低保修期限如下：

①基础设施工程、房屋建筑的地基基础工程和主体结构工程，其最低保修期限为设计文件规定的该工程的合理使用年限；

②屋面防水工程、有防水要求的卫生间、房间和外墙面的防渗漏，其最低保修期限为5年；

③供热与供冷系统，其最低保修期限为2个采暖期、供冷期；

④电气管线、给排水管道、设备安装和装修工程，其最低保修期限为2年。

其他项目的保修期限由发包方与承包方约定。建设工程的保修期，自竣工验收合格之日起计算。因使用不当或者第三方造成的质量缺陷，以及不可抗力造成的质量缺陷，不属于法律规定的保修范围。

2）建设工程在保修范围和保修期限内发生质量问题的，施工单位应当履行保修义务，并对造成的损失承担赔偿责任。

对在保修期限内和保修范围内发生的质量问题，一般应先由建设单位组织勘察、设计、施工等单位分析质量问题的原因，确定维修方案，由施工单位负责维修。但当问题较严重、复杂时，不管是什么原因造成的，只要在保修范围内，均先由施工单位履行保修义务，不得推诿。对于保修费用，则由质量缺陷的责任方承担。

二、施工单位违法行为的处罚规定

1. 违规承揽工程

1）违反本条例规定，勘察、设计、施工、工程监理单位超越本单位资质等级承揽工程的，责令停止违法行为，对勘察、设计单位或者工程监理单位处合同约定的勘察费、设计费或者监理酬金1倍以上2倍以下的罚款；对施工单位处工程合同价款2%以上4%

以下的罚款，可以责令停业整顿，降低资质等级；情节严重的，吊销资质证书；有违法所得的，予以没收。

未取得资质证书而承揽工程的，予以取缔，依照前款规定处以罚款；有违法所得的，予以没收。以欺骗手段取得资质证书承揽工程的，吊销资质证书，依照本条第一款规定处以罚款；有违法所得的，予以没收。

2）违反本条例规定，勘察、设计、施工、工程监理单位允许其他单位或者个人以本单位名义承揽工程的，责令改正，没收违法所得，对勘察、设计单位和工程监理单位处以合同约定的勘察费、设计费和监理酬金1倍以上2倍以下的罚款；对施工单位处以工程合同价款2%以上4%以下的罚款；可以责令停业整顿，降低资质等级；情节严重的，吊销资质证书。

2. 违法转包分包

违反本条例规定，承包单位将承包的工程转包或者违法分包的，责令改正，没收违法所得，对勘察、设计单位处合同约定的勘察费、设计费25%以上50%以下的罚款；对施工单位处工程合同价款0.5%以上1%以下的罚款；可以责令停业整顿，降低资质等级；情节严重的，吊销资质证书。

施工单位取得资质证书后，降低安全生产条件的，责令限期改正；经整改仍未达到与其资质等级相适应的安全生产条件的，责令停业整顿，降低其资质等级直至吊销资质证书。

3. 分包和转包的概念

违法分包，是指下列行为：

①总承包单位将建设工程分包给不具备相应资质条件的单位的；

②建设工程总承包合同中未有约定，又未经建设单位认可，承包单位将其承包的部分建设工程交由其他单位完成的；

③施工总承包单位将建设工程主体结构的施工分包给其他单位的；

④分包单位将其承包的建设工程再分包的。

转包，是指承包单位承包建设工程后，不履行合同约定的责任和义务，将其承包的全部建设工程转给他人或者将其承包的全部建设工程肢解以后以分包的名义分别转给其他单位承包的行为。

4. 偷工减料、质量管理不善

1）施工单位在施工中偷工减料，使用不合格的建筑材料、建筑构配件和设备的，或者有不按照工程设计图纸或者施工技术标准施工的其他行为的，责令改正，处工程合同价款2%以上4%以下的罚款；造成建设工程质量不符合规定的质量标准的，负责返工、修理，并赔偿因此造成的损失；情节严重的，责令停业整顿，降低资质等级或者吊销资质证书。

2）施工单位未对建筑材料、建筑构配件、设备和商品混凝土进行检验，或者未对涉及结构安全的试块、试件以及有关材料进行取样检测的，责令改正，处10万元以上20万元以下的罚款；情节严重的，责令停业整顿，降低资质等级或者吊销资质证书；造成损失的，依法承担赔偿责任。

3）施工单位不履行保修义务或者拖延履行保修义务的，责令改正，处以10万元以上20万元以下的罚款，并对在保修期内因质量缺陷造成的损失承担赔偿责任。

4）发生重大工程质量事故隐瞒不报、谎报或者拖延报告期限的，对直接负责的主管人员和其他责任人员依法给予行政处分。

5）建设单位、设计单位、施工单位、工程监理单位违反国家规定，降低工程质量标准，造成重大安全事故，构成犯罪的，对直接责任人员依法追究刑事责任。

第三章　综合素养

第一节　职业道德

一、职业道德及其特点和作用

1. 职业道德及特性

职业道德的概念有广义和狭义之分。广义的职业道德是指从业人员在职业活动中应该遵循的行为准则，涵盖了从业人员与服务对象、职业与职工、职业与职业之间的关系。狭义的职业道德是指在一定职业活动中应遵循的、体现一定职业特征的、调整一定职业关系的职业行为准则和规范。不同的职业人员在特定的职业活动中形成了特殊的职业关系，包括职业主体与职业服务对象之间的关系、职业团体之间的关系、同一职业团体内部之间的关系，以及职业劳动者、职业团体与国家之间的关系。

（1）职业道德具有适用范围的有限性

每种职业都担负着一种特定的责任和义务，由于各种职业的责任和义务不同，从而形成各自特定的职业道德的具体规范。

（2）职业道德具有发展的继承性

由于职业具有不断发展和世代延续的特征，不仅其技术世代延续，其管理员工的方法、与服务对象的交流方式，也有一定的继承性。

（3）职业道德具有表达形式的多样性

由于各种职业道德的要求都较为具体、细致，因此其表达形式多种多样。

（4）职业道德具有强烈的纪律性

纪律也是一种行为规范，但它是介于法律和道德之间的一种特殊的规范。它既要求人们能自觉遵守，又带有一定的强制性，因此具有道德色彩和法律色彩。一方面，遵守纪律是一种美德；另一方面，遵守纪律又带有强制性，具有法令的要求。

2. 职业道德的作用

职业道德是社会道德体系的重要组成部分，既有社会道德的一般作用，又有自身的特殊作用，具体表现为以下4个方面。

（1）调节从业人员之间以及从业人员与服务对象之间的关系

职业道德的基本职能是调节职能。一方面，它可以调节从业人员之间的关系，即运用职业道德规范约束职业人员的行为，促进职业人员的团结与合作，如职业道德规范要求各行各业的从业人员都要团结、互助、爱岗、敬业、齐心协力地为本行业、本职业的发展服务；另一方面，职业道德又可以调节从业人员和服务对象之间的关系，如职业道德规定了制造产品的工人要对用户负责，营销人员要对顾客负责，医生要对病人负责，教师要对学生负责等。

（2）维护和提高本行业的信誉

信誉即形象、信用和声誉，是指企业及其产品与服务在社会公众中的信任程度，提高企业的信誉主要靠产品质量和服务质量，而从业人员职业道德水平高是产品质量和服务质量好的有效保证。

（3）促进本行业的发展

一个行业的发展有赖于较高的经济效益，而较高的经济效益基于高素质的员工。员工素质主要包含知识、能力、责任心3个方面，其中责任心是最重要的。而职业道德水平高的从业人员拥有较高的责任心，因此，职业道德能促进本行业的发展。

（4）有助于提高全社会的道德水平

职业道德是整个社会道德的主要内容。职业道德一方面涉及每个从业者如何对待职业，如何对待工作，同时也是一个从业人员的生活态度、价值观念的表现；职业道德是一个人的道德意识和道德行为成熟的表现，具有较强的稳定性和连续性。另一方面，职业道德也是一个职业集体，甚至一个行业全体人员的行为表现，如果每个行业、每个职业集体都具备优良的道德，则整个社会的道德水平也会随之提高。

二、社会主义职业道德规范

社会主义职业道德规范是社会各行各业劳动者在职业活动中必须共同遵守的基本行为准则，它是判断人们职业行为优劣的具体标准，也是社会主义道德在职业生活中的反映。集体主义贯穿社会主义职业道德规范的始终，是正确处理国家、集体和个人关系的最根本的准则，也是衡量个人职业行为和职业品质的基本准则，是社会主义社会的客观要求，是社会主义职业活动获得成功的保证。

《中共中央关于加强社会主义精神文明建设若干重要问题的决议》中大力倡导“爱岗敬业、诚实守信、办事公道、服务群众、奉献社会”。其中，服务群众是职业行为的本质，是职业道德建设的核心，它是贯穿全社会共同的职业道德的基本精神。社会主义职业道德的基本原则是集体主义。

1. 爱岗敬业

爱岗敬业是社会主义职业道德最基本的要求，是对人们工作态度的一种普遍要求。爱岗就是热爱自己的工作岗位，热爱本职工作，敬业就是要用一种恭敬严肃的态度对待自己的工作。

2. 诚实守信

诚实守信是做人的基本准则，也是社会道德和职业道德的一个基本规范。诚实就是表里如一，说老实话，办老实事，做老实人。守信就是信守诺言，讲信誉，重信用，忠实履行自己承担的义务。诚实守信是各行各业的行为准则，也是做人做事的基本准则，是社会主义最基本的道德规范之一。

3. 办事公道

办事公道是对人和事的一种态度，也是千百年来人们所称道的职业道德，它要求人们待人处世要公正、公平。

4. 服务群众

服务群众就是为人民群众服务，是社会全体从业者互相服务、促进社会发展、实现共同富裕。服务群众是一种现实的生活方式，也是职业道德要求的一个基本内容。

5. 奉献社会

奉献社会就是积极自觉地为社会做贡献，这是社会主义职业道德的本质特征。奉献社会自始至终体现在爱岗敬业、诚实守信、办事公道和服务群众的各种要求之中。奉献社会并不意味着不要个人的正当利益、不要个人的幸福，恰恰相反，一个自觉奉献社会的人才能真正找到个人幸福的支撑点，奉献和个人利益是辩证统一的关系。

第二节 文明礼仪

作为都市生活的新市民，随着生活环境的改变，个人的行为举止也随之改变。每个人都有义务遵守社会文明礼仪规范，在公共场所规范自己的言谈举止、注意衣着打扮，做一个讲文明、懂礼仪的新市民。

1. 注重个人形象

个人形象的好坏决定着人际交往的成败，特别是与人交往时，良好的形象是给别人留下好印象的开始。

2. 改掉生活中的不文明行为

随着社会的进步和经济的发展，人们的生活水平日益提高。但是，社会的发展也会产生负增长，不文明行为的增多就是负增长的一种。我们要向不文明行为说“不”，跟随社会一起进步。

第三节　安全与生活

安全是一个永恒的话题，安全和健康影响每个家庭的和谐与幸福。然而在生产和生活中，缺乏安全意识或对安全隐患视而不见时，事故发生后才追悔莫及。

一、安全用电常识

1. 电击

电击是电流通过人体时对人体的外部和内部器官造成的伤害，它可使触电者发生抽搐、神经麻痹等症状，严重时会引起昏迷、窒息甚至死亡。

2. 电伤

电伤是电流的热效应、化学效应、机械效应以及电流本身作用下对人体外部造成的伤害，常见的有灼伤、烙伤等。触电事故发生后，现场急救十分重要，实践证明，1 分钟内抢救，90%能救活，1～4 分钟内抢救，60%能救活，10 分钟后抢救，存活的希望很渺茫。

二、交通安全常识

现代化的交通工具给人们出行带来很多便利，节省了很多时间，但同时也因为人们不注重交通安全知识，引发许多的交通事故。

车辆超载是交通事故发生的重要原因之一。车辆超载时，在紧急情况下，刹车或其他措施都难以防范。人人都要树立交通安全的意识，行人更应该遵守交通规则，只有这样才能减少和杜绝交通事故的发生。

三、安全用气常识

天然气是一种优质、高效、清洁的能源，其主要成分是甲烷（CH_4），具有无色、微臭味、比空气轻、易燃易爆等特性。如果天然气设施、设备发生故障或使用不当，容易引发火灾、爆炸和中毒事故。

一旦发现天然气泄漏，应立即切断气源，切勿开启抽油烟机、排风扇、电灯等用电设备，杜绝火源，也不能在漏气处拨打电话，以免引燃气体，造成爆炸。

四、消防安全常识

火是一种自然现象。驯服的火是人类的朋友，它给人们带来光明和温暖，推动了人类文明和社会的进步。但火如果失去控制，酿成火灾，就会给人们生命财产造成巨大损失。

发生火灾时，不能乘电梯，因为电梯随时可能发生故障或被火烧坏，应沿防火安全疏散楼梯朝底楼跑，如果中途防火楼梯被堵死，应立即返回屋顶平台，并呼救求援；也可以将楼梯间的窗户玻璃打破，向外高声呼救，让救援人员知道你的确切位置，以便营救。

第四节　卫生常识

掌握卫生常识有助于培养每个公民良好的卫生习惯和健康文明的生活态度，同时也体现了社会的进步，是保证个人健康的前提和基础。健康是我们每个人有效工作和高质量生活的前提，而健康离不开良好的卫生习惯，离不开对常见病的了解和预防。

一、个人卫生

要保持皮肤清洁，经常洗澡，提倡淋浴和冷水擦澡；要保持头发整洁，定期理发，不蓄胡子；梳子和刮胡刀不要与他人共用；理发和洗头能够清除头发和头皮上的污垢、头屑、病菌，预防头癣、皮肤病，防止生头虱。

要养成饭前便后洗手的习惯，经常修剪指甲并保持干净；经常保持脚部清洁和干燥，尽可能每天洗脚换袜子；要穿大小合适的鞋子；要经常刷牙、漱口，保持口腔卫生；要养成经常洗脸的习惯，保持脸部卫生；洗漱用具不要与他人共用，冬天尽量用冷水洗脸，干毛巾擦脸，以提高御寒能力。

二、公共卫生

不随地吐痰和大小便，不乱扔果皮、烟头、纸屑等废弃物，保持公共场所的清洁和卫生。

第四章　预埋工岗位基础知识

第一节　施工图识读

一、施工图的基本知识

（一）建筑制图统一标准

1. 图纸幅面

图纸以短边作为垂直边应为横式，以短边作为水平边应为立式。A0～A3 图纸宜横式使用，必要时也可立式使用。图纸幅面及图框尺寸应符合表 4-1 的规定。

表 4-1　幅面及图框尺寸　　单位：mm

尺寸代号	幅面代号				
	A0	A1	A2	A3	A4
$b \times l$	841×1 189	594×841	420×594	297×420	210×297
c	10			5	
a	25				

注：表中 b 为幅面短边尺寸；l 为幅面长边尺寸；c 为图框线与幅面线间宽度；a 为图框线与装订边的间宽度。

2. 标题栏、会签栏

图纸中应有标题栏、图框线、幅面线、装订边线和对中标志。横式、立式图纸的标题栏及装订边的位置如图 4-1 所示。

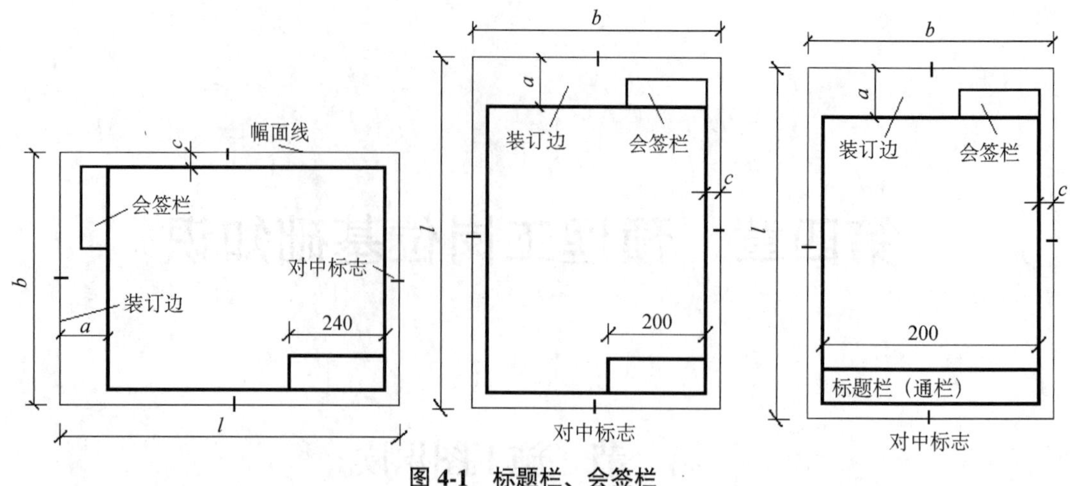

图 4-1　标题栏、会签栏

（二）图线

1. 线宽

图纸的基本线宽 b，宜按图纸比例及图纸性质从 1.4 mm、1.0 mm、0.7 mm、0.5 mm 线宽系列中选取。绘图时应根据图样的复杂程度及比例大小，选用表 4-2 所示的线宽组合。

表 4-2　线宽组合　　单位：mm

线宽比	线宽粗			
b	1.4	1.0	0.7	0.5
0.7 b	1.0	0.7	0.5	0.35
0.5 b	0.7	0.5	0.35	0.25
0.25 b	0.35	0.25	0.18	0.13

注：1. 需要微缩的图纸不宜采用 0.18 及更细的线宽。
2. 同一张图纸内，各种不同线宽中的细线，可统一采用较细的线宽组的细线。

2. 线型

工程建设制图应选用表 4-3 所示的图线。

表 4-3　图线的类型及应用　　单位：mm

名称		线型	线宽	用途
实线	粗	———	b	主要可见轮廓线
	中粗	———	0.7 b	可见轮廓线、变更云线
	中	———	0.5 b	可见轮廓线、尺寸线
	细	———	0.25 b	图例填充线、家具线

续表

名称		线型	线宽	用途
虚线	粗	▬▬ ▬▬ ▬▬	b	见各有关专业制图标准
	中粗	— — — — —	0.7 b	不可见轮廓线
	中	— — — — —	0.5 b	不可见轮廓线、图例线
	细	- - - - - - - - - - -	0.25 b	图例填充线、家具线
单点长画线	粗	▬▬ · ▬▬ · ▬▬	b	见各有关专业制图标准
	中	—— · —— · ——	0.5 b	见各有关专业制图标准
	细	—— · —— · ——	0.25 b	中心线、对称线、轴线等
双点长画线	粗	▬▬ ·· ▬▬ ·· ▬▬	b	见各有关专业制图标准
	中	—— ·· —— ·· ——	0.5 b	见各有关专业制图标准
	细	—— ·· —— ·· ——	0.25 b	假想轮廓线、成型前原始轮廓线
折断线	细	—\/\—	0.25 b	断开界线
波浪线	细	〰〰	0.25 b	断开界线

（三）字体

1. 汉字

图纸上所需书写的文字、数字或符号等，均应笔画清晰、字体端正、排列整齐；标点符号应清楚正确。字高大于 10 mm 的文字宜采用 True type 字体，如需书写更大的字，其高度应按 $\sqrt{2}$ 的倍数递增。

2. 数字和字母

图样及说明中的字母、数字，宜优先采用 True type 字体中的 Roman 字型。写成斜体字时，应从字的底线向上倾斜 75°，其高度和宽度应与相应的直体字相等。字母及数字的字高不应小于 2.5 mm。

（四）比例

图样的比例为图形与实物相对应的线性尺寸之比，符号为“：”，用阿拉伯数字表示。比例宜注写在图名的右侧，并与字的基准线平齐；比例的字高宜比图名的字高小一号或二号。

绘图所选用的比例，应根据图样的用途和所绘对象的复杂程度，从表 4-4 中选用，并优先选用表中常用比例。

表 4-4 绘图选用比例

常用比例	1∶1、1∶2、1∶5、1∶10、1∶20、1∶30、1∶50、1∶100、1∶150、1∶200、1∶500、1∶1 000、1∶2 000
可用比例	1∶3、1∶4、1∶6、1∶15、1∶25、1∶40、1∶60、1∶80、1∶250、1∶300、1∶400、1∶600、1∶5 000、1∶10 000、1∶20 000、1∶50 000、1∶100 000、1∶200 000

（五）索引符号与详图符号

1）索引符号：图样中的某一局部或构件，如需另见详图，应以索引符号索引，如图 4-2（a）所示。索引符号由直径为 8～10 mm 的圆和水平直径组成，圆及水平直径线宽宜为 0.25 *b*，应按下列规定编写：

索引出的详图，如与被索引的详图同在一张图纸内，应在索引符号的上半圆中用阿拉伯数字注明该详图的编号，并在下半圆中间画一段水平细实线如图 4-2（b）所示。

索引出的详图，如与被索引的详图不在同一张图纸内，应在索引符号的上半圆中用阿拉伯数字注明该详图的编号，在索引符号的下半圆中用阿拉伯数字注明该详图所在图纸的编号，如图 4-2（c）所示。数字较多时，可加文字标注。

索引出的详图，如采用标准图，应在索引符号水平直径的延长线上加注该标准图册的编号，如图 4-2（d）所示。

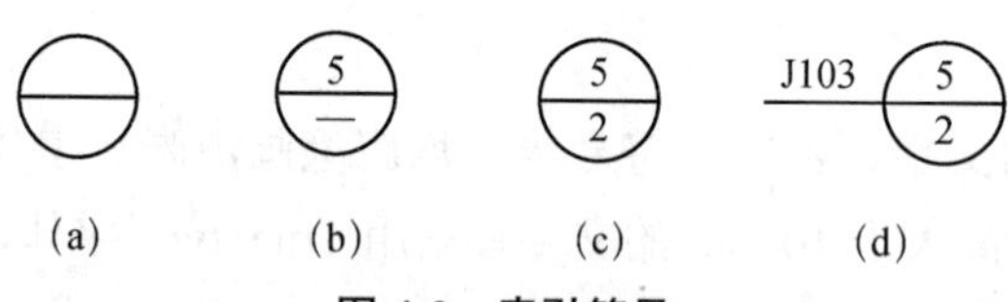

图 4-2 索引符号

2）索引符号如用于索引剖视详图，应在被剖切的部位绘制剖切位置线，并以引出线引出索引符号，引出线所在的一侧应为剖视方向。索引符号的编写同 1）的规定，如图 4-3 所示。

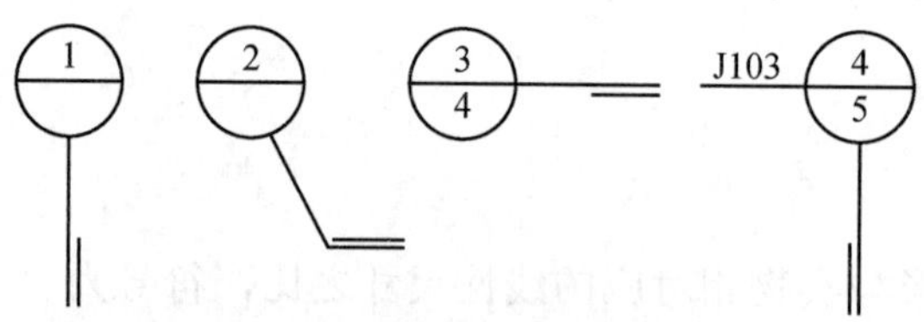

图 4-3 用于索引剖面详图的索引符号

3）钢筋、杆件、设备等的编号，以直径为 4～6 mm（同一图样应保持一致）的圆表示，图线宽为 0.25 *b*，其编号应用阿拉伯数字按顺序编写。

4）详图符号。详图的位置和编号，应以详图符号表示。详图符号的圆直径应为 14 mm，线宽为 *b*。详图编号应符合下列规定：

①详图与被索引的图样同在一张图纸内时，应在详图符号内用阿拉伯数字注明详图

的编号。

②详图与被索引的图样不在同一张图纸内，应用细实线在详图符号内画一水平直径，在上半圆中注明详图编号，在下半圆中注明被索引的图纸的编号。

5）其他符号：

①对称符号。对称符号由对称线和两端的两对平行线组成。用单点长画线绘制；线宽宜为 0.25 b；平行线用细实线绘制，其长度宜为 6～10 mm，每对的间距宜为 2～3 mm，对称线垂直平分于两对平行线，两端宜超出平行线 2～3 mm。

②连接符号。连接符号应以折断线表示需要连接的部位。两部分相距过远时，折断线两端靠图样一侧应标注大写拉丁字母表示连接符号。两个被连接的图样必须用相同的字母编号。

③指北针的圆直径宜为 24 mm，用细实线绘制，指针尾部的宽度宜为 3 mm，指针头部应标注“北”或“N”字样。需用较大直径绘制指北针时，指针尾部宽度宜为直径的 1/8。

（六）工程制图的基本规定

1. 定位轴线

1）定位轴线应用 0.25 b 线宽的单点长画线绘制。

2）定位轴线应编号，编号应注写在轴线端部的圆内。圆应用 0.25 b 线宽的实线绘制，直径宜为 8～10 mm，详图上可增为 10 mm。定位轴线圆的圆心，应在定位轴线的延长线上或延长线的折线上。

3）平面图上定位轴线的编号，宜注写在图样的下方与左侧。横向编号应用阿拉伯数字，从左至右顺序编写，竖向编号应用大写拉丁字母，从下至上顺序编写。

4）附加定位轴线的编号，应以分数的形式表示，并符合下列规定：

①两根轴线的附加轴线，应以分母表示前一轴线的编号，分子表示附加轴线的编号，编号宜用阿拉伯数字顺序编写。

②1 号轴线或 A 号轴线之前的附加轴线应以分母 01 或 0A 表示。

5）一个详图适用于几根轴线时，应同时注明各有关轴线的编号，如图 4-4 所示。通用详图中的定位轴线，应只画圆，不注写轴线编号。

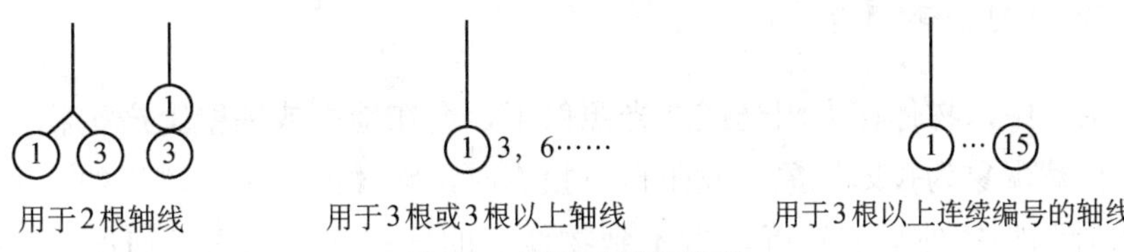

图 4-4　详图的轴线编号

2. 引出线

（1）引出线

引出线线宽应为 0.25 b，宜采用水平方向的直线或与水平方向成 30°、45°、60°、90° 的直线，并经上述角度再折为水平线，如图 4-5 所示。

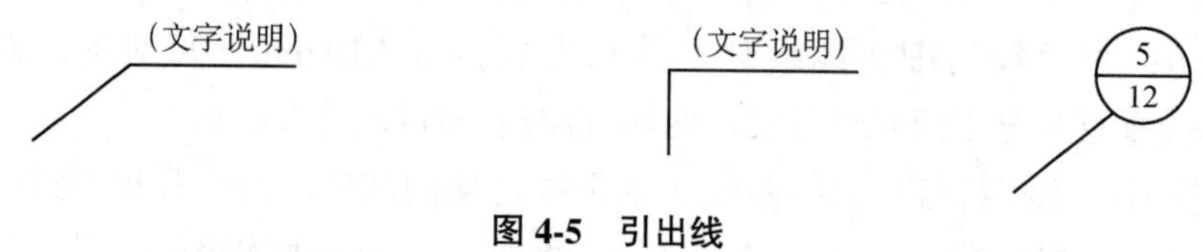

图 4-5 引出线

（2）共同引出线、共用引出线

同时引出几个相同部分的引出线，宜互相平行，如图 4-6（a）所示。多层构造或多层管道共用引出线，应通过被引出的各层，并用圆点示意对应各层次。文字说明宜注写在水平线的上方，也可注写在水平线的端部，说明的顺序应由上至下，并应与被说明的层次相互一致；如层次为横向排列，则由上至下的说明顺序应与由左至右的层次相互一致，如图 4-6（b）所示。

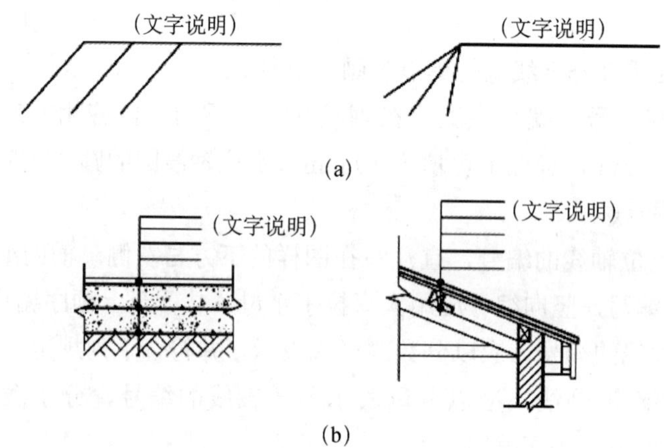

图 4-6 共同引出线、共用引出线

二、投影的基本知识

（一）投影的基本概念

在日常生活中，物体在太阳光或灯光照射下，会在地面或墙壁上产生物体的影子。我们称这一自然现象为投影现象。发生自然投影时，物体的影子是漆黑的，通过自然投影人们只能看到物体外形的轮廓，看不到物体上的一些变化或内部情况。在工程制图上，根据自然投影现象，经过科学的抽象，即假设按规定方向射来的光线能够透过物体照射，形成的影子不但能反映物体的外形，也能反映物体上部和内部的情况，这样形成的影子就称为投影。我们把能够产生光线的光源称为投影中心，光线称为投射线，落影平面称为投影面，用投影表达物体形状和大小的方法称为投影法，用投影法画出的物体的图形称为投影图。

（二）投影法的分类

投影法一般分为中心投影和平行投影两种。投射线从投影中心出发的投影法，称为中心投影法，所得到的投影称为中心投影。投射线相互平行的投影法称为平行投影法，所得到的投影称为中心投影。根据投射线与投影面的相对位置，平行投影又分正投影法和斜投影法两种。投射线垂直于投影面时称为正投影法。在正投影的条件下，使物体的某个面平行于投影面，则该面的正投影反映其实际形状和大小，所以一般工程图样都选用正投影原理绘制。投射线相互平行且倾斜于投影面时称为斜投影法。

（三）三面投影及其对应关系

1. 形体的三面投影

如图 4-7 所示，三面投影体系由 3 个相互垂直的投影面组成。*H* 面称为水平投影面，*V* 面称为正立投影面，*W* 面称为侧立投影面。在三面投影体系中，任意两个投影面的交线称为投影轴，分别用 *X* 轴、*Y* 轴、*Z* 轴表示。3 个投影轴的交点 *O* 称为原点。

2. 三面投影图的形成

如图 4-8 所示，将被投影的物体置于三投影面体系中，并尽可能使物体的几个主要表面平行或垂直于其中的一个或几个投影面（使物体的底面平行于 *H* 面，物体的前、后端面平行于 *V* 面，物体的左、右端面平行于 *W* 面）。保持物体的位置不变，将物体分别向 3 个投影面作投影，得到物体的三视图。

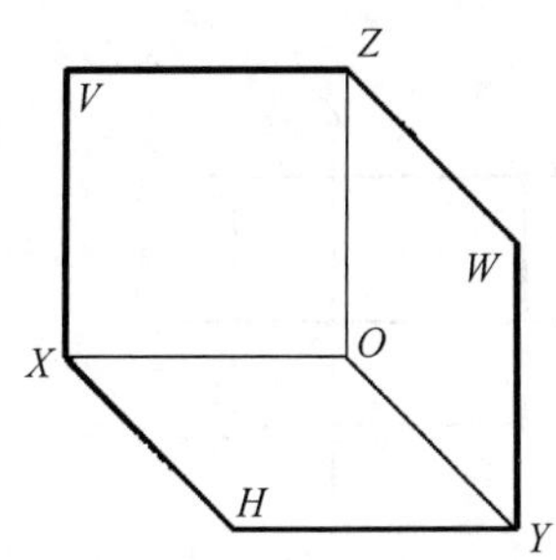

图 4-7　三面投影体系

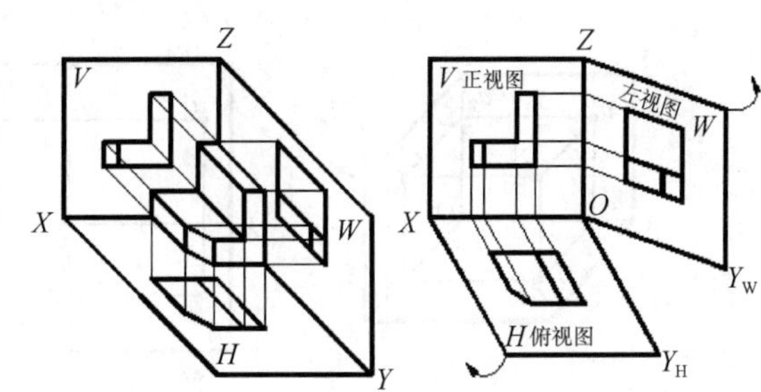

图 4-8　物体三面投影的形成

3. 三面投影的对应关系

（1）三面投影的投影关系

在投影体系中，物体的 *X* 轴方向的尺寸称为长度，*Y* 轴方向的尺寸称为宽度，*Z* 轴方向的尺寸称为高度。如图 4-8 所示，由三面投影图的形成可知，物体的水平投影反映它的长和宽，正面投影反映它的长和高，侧面投影反映它的宽和高。

（2）三面投影图的方位关系

当物体在投影体系中的相对位置确定之后，它就有上、下、左、右、前、后 6 个方位，如图 4-9 左图所示。由三面图的形成可以看出，物体的水平投影反映左、右、前、后 4 个方向；正面投影反映左、右、上、下 4 个方向；侧面投影反映上、下、前、后 4 个方向，如图 4-9 右图所示。

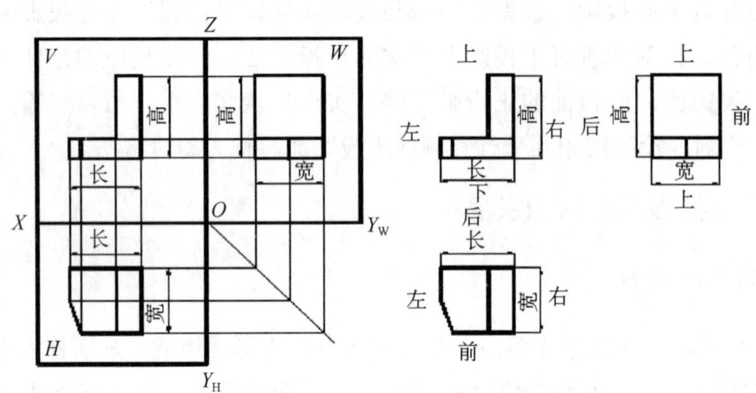

图 4-9 三面投影的方位关系

（四）点、直线、平面的投影

1. 点的投影

如图 4-10（a）所示，过 *A* 点分别向 3 个投影面作垂线，所得 3 个垂足 *a*、*a*′、*a*″ 即为 *A* 点的 3 个投影。*a* 表示水平面投影，*a*′ 表示正立面投影，*a*″ 表示侧立面投影。将投影体系展开所得的图即 *A* 点的三面投影图，如图 4-10（b）、（c）所示。

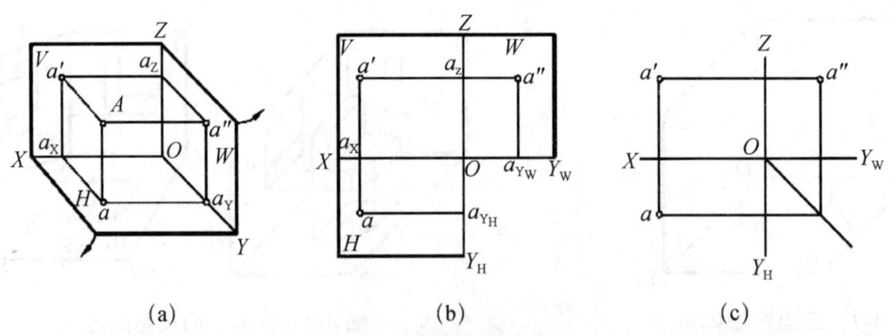

图 4-10 点三面投影的形成

2. 直线的投影

由初等几何可知，两点决定一直线。所以要确定直线 *AB* 的空间位置，只要确定出

A、B 两点的空间位置，连接起来即可确定该直线的空间位置，如图 4-11（a）所示。因此，在作直线 AB 的投影时，只要分别作出 A、B 两点的三面投影 a、a'、a''和 b、b'、b''，再分别把两点在同一投影面上的投影连接起来，即得直线 AB 的三面投影 ab、$a'b'$、$a''b''$，如图 4-11（b）所示。

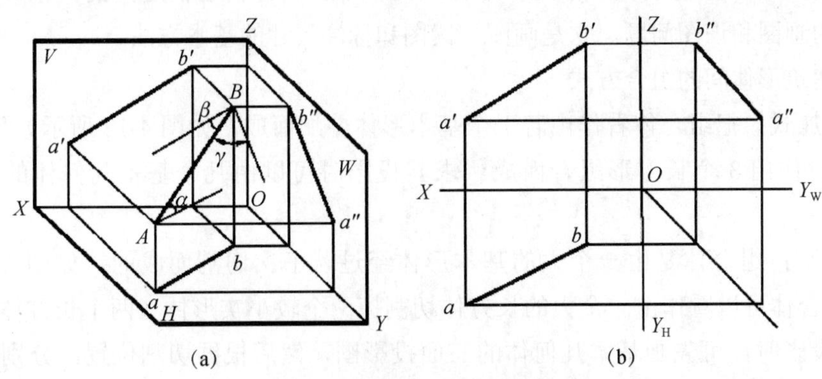

图 4-11　直线的三面投影的形成

3. 平面的投影

平面可以看作点和直线不同形式的组合，一般常用平面图形来表示，如三角形、四边形、圆形等。要绘制平面的投影，只需作出表示平面图形轮廓的点和线的投影，依次连接即可得到平面的投影图。根据平面与投影面相对位置不同，平面可以分为一般位置平面、投影面平行面、投影面垂直面 3 类。

4. 平面立体的投影

由于平面立体的表面是由若干个平面所围成，因此平面立体的投影可归结为平面立体棱线和棱线间交点的投影。因此求解平面立体的投影就是作出组成立体表面的各平面和棱线的投影。最常见的平面立体有棱柱、棱锥和棱台。

5. 曲面立体的投影

常见的曲面立体是回转体，回转体的曲面是母线（直线或曲线）绕一轴做回转运动而形成的。曲面上任一位置的母线称为素线，母线上每一个点运动轨迹都是圆，称为纬圆，纬圆平面垂直于回转直线，主要有圆柱体、圆锥体和圆球。

（五）组合体的投影

组合体是由若干个基本形体组合而成的。一般情况下，形状复杂的工程建筑物可看作由若干个基本几何体经过叠加、切割或相交等形式组合而成的。表达组合体一般画三面投影图。

1. 形体分析

绘制组合体的投影图，需先进行形体分析，选择适当的投影图，再进行画图。形体分析法是指把一个物体分解成若干个形体或简单形体的方法。即绘制和阅读组合体的投影图时，将组合体分解成若干个基本形体或简单形体，分析它们之间的关系，然后逐一解决它们的画图和识图问题。它是画图、读图和标注尺寸的基本方法。

（1）建筑形体间的组合方式

1）叠加式：把组合体看作由若干个基本形体叠加而成，如图 4-12 所示。“叠加”组合体可以看作由 3 个长方形组合而成。求其投影时可以由几个基本几何体的投影组合而成。

2）切割：组合体是由一个大的基本形体经过若干次切割而成的，如图 6-13 所示。“切割”组合体可以看作由一个大的长方体切割掉两个较小实形体（两个长方体）组合而成。求其投影时，可先画基本几何体的三面投影图，然后根据切割位置，分别在几何体投影上切割。

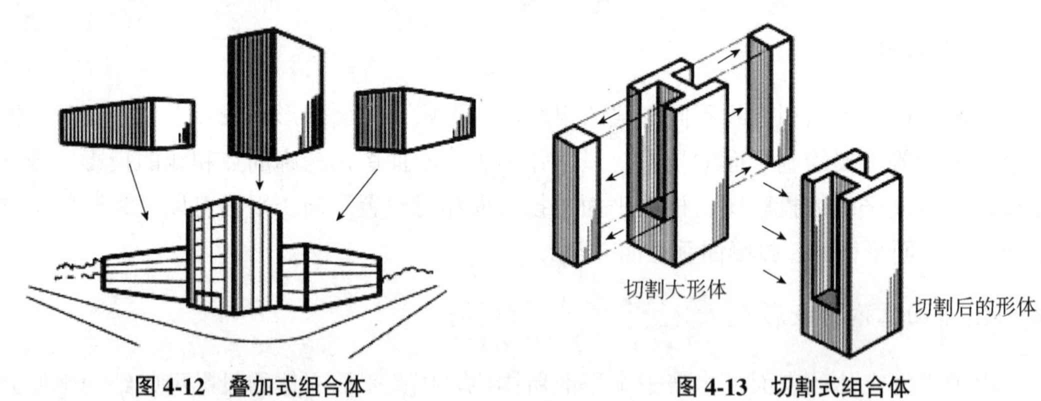

图 4-12　叠加式组合体　　**图 4-13　切割式组合体**

3）混合：“混合”组合体是指既有叠加又有切割所组成，如图 4-14 所示。“混合”组合体可以看作由 6 个实形体组成，而 6 个实形体又可以看作由更小的实形体组成。

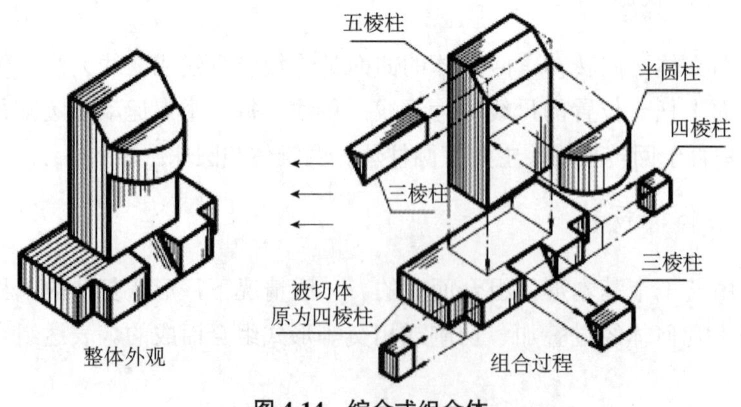

图 4-14　综合式组合体

（2）组合体的表面连接

基本形体组合成组合体时，各基本形体表面间真实的相互关系即组合体的表面连接关系。形体经叠加、切割组合后，可形成 3 种表面连接关系：两表面相互平齐（共面）、表面相切、表面相交，如图 4-15 所示。

表面共面：当两形体邻接表面共面时，邻接表面处无分界线。

表面相切：当两形体邻接表面相切时，由于相切是光滑过渡，所以一般不画出公切面在 3 个视图中的投影。

表面相交：两形体的邻接表面相交，邻接表面之间一定产生交线，而 3 个视图中一定会有交线的投影。

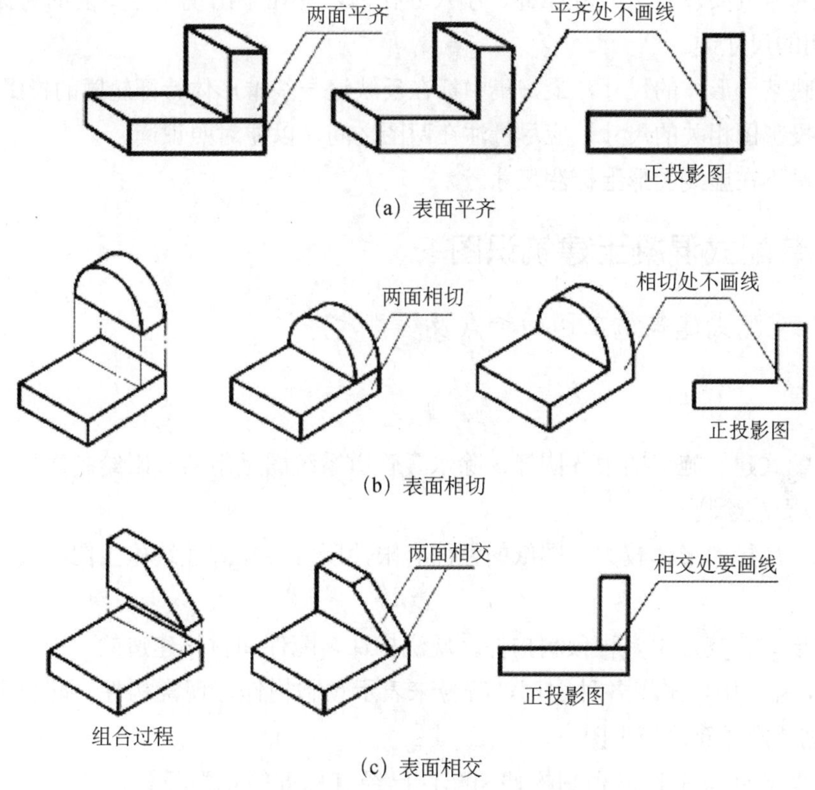

图 4-15　形体表面的几种连接关系

2. 组合体的尺寸标注

（1）尺寸的种类

1）定形尺寸：用于确定组合体中各基本体自身大小的尺寸。

2）定位尺寸：用于确定组合体中各基本体之间相互位置的尺寸。

3）总体尺寸：确定组合体总长、总宽、总高的外包尺寸。

（2）在组合尺寸应做到的标注

1）组合体尺寸标注前需进行形体分析，弄清反映在投影图上的基本体后，注意这些基本形体的尺寸标注要求，做到简洁合理。

2）各基本形体之间的定位尺寸一定要先选好定位基准，再进行标注。

3）由于组合体形状变化多，定形、定位和总体尺寸有时可以相互兼代。

4）组合体各项尺寸一般只标注尺寸。

（3）尺寸配置

组合体尺寸标注中应注意的问题：

1）尺寸一般应布置在图形外，以免影响图形清晰。

2）尺寸排列要注意大尺寸在外、小尺寸在内，并在不出现尺寸重复的前提下，使尺寸构成封闭的尺寸链。

3）反映某一形体的尺寸，最好集中标在反映这一基本形体特征轮廓的投影图上。

4）两投影图相关的尺寸，应尽量注在两图之间，以便对照识读。

5）尽量不在虚线图形上标注尺寸。

三、装配式混凝土建筑识图

（一）装配式建筑施工图的特点及编排次序

1. 特点

1）装配式建筑施工图中各图样，除水暖管道系统图是用斜投影绘制之外，其余图样均采用正投影法绘制。

2）由于房屋的形体较大而图纸的幅面有限，所以装配式建筑施工图均采用缩小的比例绘制。

3）装配式建筑是由多种预制构件、现浇构件、配件和材料建造的。国家标准规定，在装配式工程图中，采用各种图例、符号来表示预制构件、现浇构件、配料和材料，以简化和规划装配式建筑施工图。

4）装配式建筑中许多预制构件和配件已经有标准的定型设计，并配有标准设计图集，如《装配式混凝土剪力外墙板》（15G365—1）和《桁架钢筋混凝土叠合板（60 mm厚底板）》（15G366—1）等可供参考。为节省设计和制图工作量，凡是有标准定型设计的构件和配件，应尽可能选用标准构件和配件，采用之处只需在图纸相应位置标注除标注图集的名称编号、页数即可。这样可以提高设计效率，提高装配式建筑预制率，实现构配件的工厂化，降低建筑成本。

2. 编排次序

为便于看图、易于查找，装配式混凝土结构房屋建筑施工图一般按以下顺序进行编排：图纸目录→施工总说明→装配式结构专项说明→建筑施工图→结构施工图→给排水施工图→采暖通风施工图→电气施工图。

各类别图纸均将基本图编排在前，详图在后；先施工部分的图纸在前，后施工部分的图纸在后；重要的图纸在前，次要的图纸在后。以某专业为主的工程，应突出该专业的图纸。

1）图纸目录与书本目录的作用类似，方便我们查找所需图纸的具体位置。图纸目录中包含了整套建筑施工图中各图纸的名称、内容、图号等。

2）施工总说明是将图纸中不便用图纸表达的部分转化为文字，一般位于建筑施工图的最前面，在图纸目录之后。施工总说明包含工程名称及用途、建设单位、坐落地点、工程规模及面积、房屋层数及高度、设计结构形式、有效使用年限、安全等级、工程所在地设防烈度、设计的目标效果、场地标高等，并按专业建筑、结构、水、电、设备等做进一步的说明。对于较简单的房屋，图纸目录和施工总说明也可放在“建筑施工图”中“总平面图”内。

3）装配式结构专项说明是装配式建筑施工图所特有的，旨在重点说明与装配式结构密切相关的部分，包括所选用标准设计图集、材料要求、预制构件深化设计、预制构件的生产和检验、预制构件的运输与堆放、现场施工等，且应与结构设计总说明相协调。

（二）装配式建筑常用图例

本书所讲解的装配式建筑识图方法以装配整体式混凝土结构为例，暂不包括装配式钢结构及木结构。与传统现浇混凝土结构相比，装配整体式混凝土结构与大量预制构件、现浇构件、后浇段相互连接形成整体，虽然都为钢筋混凝土材料，但构件节点、施工方案均有较大差异，故在装配整体式混凝土结构中常采用填充不同图例加以区别，见表 4-5。

表 4-5 装配式混凝土建筑常用图例

名称	图例	名称	图例
预制钢筋混凝土（包括内墙、内叶墙、外叶墙）		保温层	
后浇段、边缘构件		无机保温材料	
现浇钢筋混凝土构件		夹心保温外墙	
轻质墙体		预制外墙模板	
		砌体	

（三）常见构件的编号及含义

1. 预制混凝土剪力墙

预制剪力墙编号由墙板代号和序号组成。标准设计图集 15G107—1 中剪力墙编号见表 4-6。

表 4-6 标准设计图集 15G107—1 中剪力墙编号

构件类型		代号	序号
预制墙体	预制外墙	YWQ	××
	预制内墙	YNQ	××

例如，代号“YWQ1”表示预制外墙，序号为 1。代号“YNQ5a”表示该预制混凝土内墙板与已编号的 YNQ5 除线盒位置外，其他参数均相同，为方便起见，将该预制内墙板序号编为 5a。

2. 预制混凝土外墙板

预制混凝土剪力墙外墙由内叶墙板、保温层和外叶墙板组成。标准设计图集中的内叶墙板共有 5 种形式，标准设计图集 15G107—1 中内叶墙板编号见表 4-7，内叶墙板编号识读示例见表 4-8。

表 4-7 标准设计图集 15G107—1 中内叶墙板编号

预制内叶墙板类型	示意图	编号
无洞口外墙		WQ-×× ×× 无窗洞外墙；标志宽度；层高
一个窗洞高窗台外墙		WQC1-×× ××-×× ×× 一窗洞外墙（高窗台）；标志宽度；层高；窗宽；窗高
一个窗洞矮窗台外墙		WQCA-×× ××-×× ×× 一窗洞外墙（矮窗台）；标志宽度；层高；窗宽；窗高
两个窗洞外墙	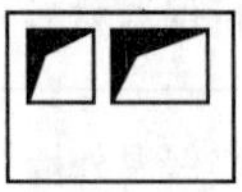	WQC2-×× ××-×× ××-×× ×× 两窗洞外墙；标志宽度；层高；左窗宽；左窗高；右窗宽；右窗高
一个门洞外墙	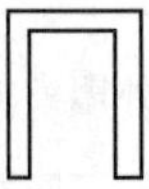	WQM-×× ××-×× ×× 一门洞外墙；标志宽度；层高；门宽；门高

表 4-8　标准设计图集 15G107—1 中内叶墙板编号识读示例　　单位：mm

预制墙板类型	示意图	墙板编号	标志宽度	层高	门/窗宽	门/窗高	门/窗宽	门/窗高
无洞外墙		WQ-1828	1 800	2 800	—	—	—	—
带一窗洞高窗台		WQC1-3028-1514	3 000	2 800	1 500	1 400	—	—
带一窗洞矮窗台		WQCA-3028-1518	3 000	2 800	1 500	1 800	—	—
带两窗洞外墙		WQC2-4828-0614-1514	4 800	2 800	600	1 400	1 500	1 400
带一门洞外墙		WQM-3628-1823	3 600	2 800	1 800	2 300	—	—

3. 预制混凝土剪力墙内墙板

标准设计图集 15G107—1 中的预制混凝土内墙板共有 4 种形式。标准图集 15G107—1 中内墙板编号见表 4-9，内墙板编号识读示例见表 4-10。

表 4-9　标准设计图集 15G107—1 中内墙板编号

预制内墙板类型	示意图	编号
无洞口内墙		NQ-×× ×× 无洞口内墙；标志宽度；层高
固定门垛内墙		NQM1-×× ××-×× ×× 一门洞内墙（固定门垛）；标志宽度；层高；门宽；门高
中间门洞内墙		NQM2-×× ××-×× ×× 一门洞内墙（中间门洞）；标志宽度；层高；门宽；门高
刀把内墙		NQM3-×× ××-×× ×× 一门洞内墙（刀把内墙）；标志宽度；层高；门宽；门高

表 4-10　标准设计图集 15G107—1 中内墙板编号识读示例　　单位：mm

预制墙板类型	示意图	墙板编号	标志宽度	层高	门宽	门高
无洞口内墙		NQ-2128	2 100	2 800	—	—
固定门垛内墙		NQM1-3028-0921	3 000	2 800	900	2 100
中间门洞内墙		NQM2-3029-1022	3 000	2 900	1 000	2 200
刀把内墙		NQM3-3329-1022	3 300	2 900	1 000	2 200

4. 后浇段

后浇段编号由后浇段类型代号和序号组成。标准设计图集 15G107—1 中后浇段编号见表 4-11。

表 4-11　标准设计图集 15G107—1 中后浇段编号

后浇段类型	代号	序号
约束边缘构件后浇段	YHJ	××
构造边缘构件后浇段	GHJ	××
非边缘构件后浇段	AHJ	××

例如，代号“YHJ1”表示约束边缘构件后浇段，编号为 1；代号“GHJ5”表示构造边缘构件后浇段，编号为 5；代号“AHJ3”表示非边缘暗柱后浇段，编号为 3。

5. 预制混凝土叠合梁

预制叠合梁编号由代号和序号组成。标准设计图集 15G107—1 中预制叠合梁编号见表 4-12。

表 4-12　标准设计图集 15G107—1 中预制叠合梁编号

名称	代号	序号
预制叠合梁	DL	××
预制叠合连梁	DLL	××

例如，代号“DL1”表示预制叠合梁，编号为1；代号“DLL3”表示预制叠合连梁，编号为3。

6. 预制外墙模板

预制外墙模板编号由类型代号和序号组成。标准设计图集15G107—1中预制外墙模板编号见表4-13。

表4-13　标准设计图集15G107—1中预制外墙模板编号

名称	代号	序号
预制外墙模板	JM	××

例如，代号“JM1”表示预制外墙模板，序号为1。

7. 桁架钢筋混凝土叠合板（60 mm厚底板）

叠合板可分为单向叠合板和双向叠合板。标准设计图集15G366—1中叠合板底板编号规则见表4-14。

表4-14　标准设计图集15G366—1中叠合板底板编号规则

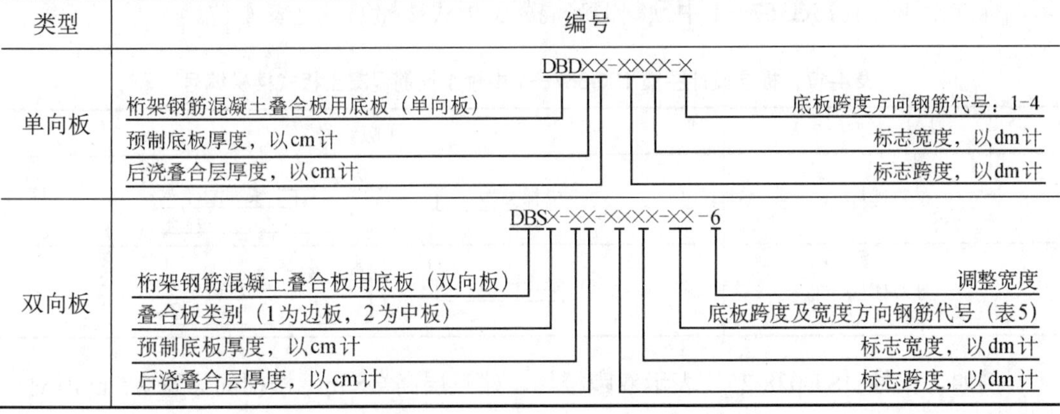

例如，代号“DBD67-3620-2”表示单向受力叠合板用底板，预制底板厚度为60 mm，后浇叠合层厚度为70 mm，预制底板的标志跨度为3 600 mm，预制底板的标志宽度为2 000 mm，底板跨度方向配筋为C8@150；代号“DBS1-67-3620-31”表示双向受力叠合板用底板，拼装位置为边板，预制底板厚度为60 mm，后浇叠合层厚度为70 mm，预制底板的标志跨度为3 600 mm，预制底板的标志宽度为2 000 mm，底板跨度方向配筋为C10@200，底板宽度方向配筋为C8@200。

单向板及双向板编号中包含有底板配筋代号，通过识读代号即可了解叠合底板配筋情况，单向叠合板钢筋代号见表4-15，双向叠合板钢筋代号组合见表4-16。

表 4-15 单向叠合板钢筋代号

	1	2	3	4
受力钢筋规格及间距	C8@200	C8@150	C10@200	C10@150
分布钢筋规格及间距	C6@200	C6@200	C6@200	C6@200

表 4-16 双向叠合板钢筋代号组合

板底宽度方向配筋	板底跨度方向配筋			
	⌀8@200	⌀8@150	⌀10@200	⌀10@150
⌀8@200	11	21	31	41
⌀8@150	—	22	32	42
⌀8@100	—	—	—	43

注：表中 11、21、22、31、32、41、42、43 表示板底跨度方向配筋和板底宽度方向配筋的组合代号。

8. 预制钢筋混凝土板式楼梯

根据标准设计图集 15G367—1 有关规定，预制钢筋混凝土板式楼梯的规格代号由“楼梯类型+建筑层高+楼梯间净宽”3 部分组成，其中楼梯类型用汉语拼音的首写字母表示，标准设计图集 15G367—1 中预制钢筋混凝土板式楼梯编号见表 4-17。

表 4-17 标准设计图集 15G367—1 中预制钢筋混凝土板式楼梯编号

楼梯类型	规格代号
双跑楼梯	ST－××－×× 楼梯类型 楼梯间净宽 层高
剪刀楼梯	JT－××－×× 楼梯类型 楼梯间净宽 层高

例如，代号“ST-028-25”表示双跑楼梯，建筑层高 2.8 m、楼梯间净宽 2.5 m 所对应的预制混凝土板式双跑楼梯梯段板；代号“JT-28-25”表示剪刀楼梯，建筑层高 2.8 m、楼梯间净宽 2.5 m 所对应的预制混凝土板式剪刀楼梯梯段板。

（四）装配式建筑图纸识读基本方法及步骤

1. 结构施工图识读方法

整套施工图纸数量较多，每张图纸都包含大量的建筑相关信息，若没有恰当的识读方法，则抓不住要点，分不清主次，即使空有识读所需知识，也会收效甚微，无法完全了解图纸所表达的意思。

在识读装配式建筑图纸前，需对装配式建筑有一定的了解。装配式建筑与传统现浇混凝土结构无论是设计还是施工都有很大的区别，只有全面掌握了装配式结构的制作、运输、吊装、施工等知识后，才能更准确地识读装配式结构施工图。

建筑施工图按专业可分为建筑施工图、结构施工图、设备施工图。在实际应用中一定要注意，整套施工图是一个整体，不可将结构施工图单独识读。因为不管是建筑施工图、结构施工图还是设备施工图都是表达的同一幢建筑，只是选取的角度不同，建筑施工图是整套施工图纸的先导，结构施工图和设备施工图都是以建筑施工图为依据进行绘制的。在识读相应的结构施工图前需先阅读建筑施工图，对整体建筑平面布置、层数、功能等有大致印象，且在详细识读结构施工图时，可以配合相应的建筑施工图及设备施工图进行识读。如识读结构施工图中的梁板配筋图，可以配合建筑施工图中对应的平面图，以提高识读效率及效果。

在识读单张结构施工图时，首先需弄清这份图纸表达的主要内容，掌握图纸的特点，且联系上下图纸。在本图纸未表示的信息，如配筋、构件尺寸等，将会在其他图纸上予以体现。可根据看图经验顺口溜：从上往下看、从左向右看、由外向里看、由大到小看、由粗到细看、图样与说明对照看、建施与结施结合看、土建与安装结合看，这样看图才能获得较好的效果。

2. 识读步骤

（1）图纸核查与资料准备

1）拿到一套建筑施工图，需先把图纸目录看一遍。了解建筑的类型，是工业厂房还是民用建筑，建筑是单层、多层还是高层，图纸的数量，对这份图纸的建筑有初步的了解。

2）按照图纸目录检查各类图纸是否齐全，图纸编号与图名是否对应，且装配式建筑中可能会大量采用标准图集中已有构件，需了解本套施工图采用了哪些标准图集，了解这些标准图集所属类别、编号及编制单位等，收集好被采用的标准图集，以便识读时可以随时查看。

我国编制的标准图集，按其编制的单位和适用范围可分为 3 类：经国家批准的标准图集，供全国范围内使用；经各省、自治区、直辖市等地方批准的通用标准图集，供本地区使用；各设计单位编制的图集，供本单位设计的工程使用。

全国通用的标准图集通常采用代号“G”或“结”表示结构标准构件类图集，用“J”或“建”表示建筑标准配件类图集。标准图集的查阅方法见表 4-18。

表 4-18　标准设计图集的查阅方法

步骤	查阅方法说明
1	根据施工图中注明的标准图集名称、编号及编制单位，查找相应的图集
2	阅读标准图集的总说明，了解编制该图集的设计依据，使用范围，施工要求及注意事项等

续表

步骤	查阅方法说明
3	了解该图集编号和表示方法，一般标准图集都用代号表示，代号表明构件、配件的类别、规格及大小
4	根据图集目录及构件、配件代号在该图集内查找所需详图

（2）图纸识读

1）看图时先看设计总说明，了解建筑的概况、技术要求等。一般按目录的排列顺序逐张看图，先看建筑总平面图，了解建筑物的地理位置、高程、坐标、朝向，以及与建筑相关的其他情况。若是一名施工技术人员，在看建筑总平面图时，应同步思考施工时如何进行施工平面布置、预制构件放置位置、吊装机械的选用等问题。

2）看完建筑总平面图之后，则应先看建筑施工图中的建筑平面图，了解房屋的长度、宽度、轴线尺寸、开间大小、一般布局等。装配式建筑中常通过减少预制构件种类来提高预制构件制作效率及降低建筑成本，因此装配式建筑中会通过一系列标准化部品、模块的多样组合来满足不同空间的功能需求，如图 4-16 所示。

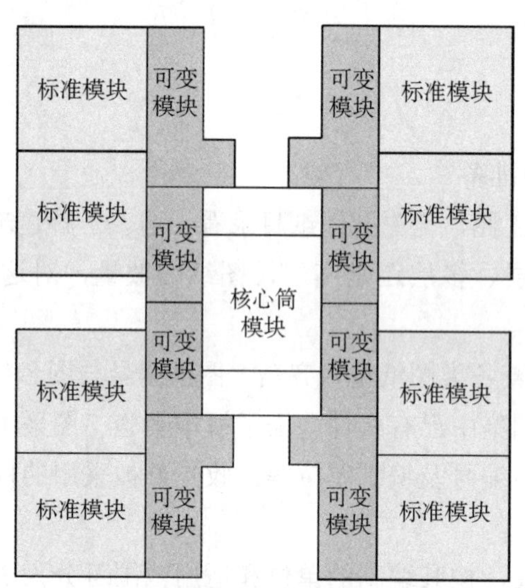

图 4-16 装配式建筑套型平面组合

在识读装配式建筑平面图，特别是标准层平面图时应特别注意这部分通用模块、通用构件。且随着目前计算机技术的发展，近年来越来越多的施工图中开始配有三维模型图，与原来二维图纸相比，三维模型图的加入使图纸变得立体起来，特别是对于一些空间形体多变、节点复杂的图纸，使其更富有空间感及立体感，在阅读时更容易理解。某预制模块构件组合如图 4-17 所示。

3）在了解建筑平面布置的基本情况后，再看立面图和剖面图，对整栋建筑有一个初步总体印象，在脑海中逐渐形成该建筑的立体形象，能想象出它的规模和轮廓，如图 4-18 所示。这需要一定的空间想象能力，可以通过平时多读图，多接触实际建筑物，同时在

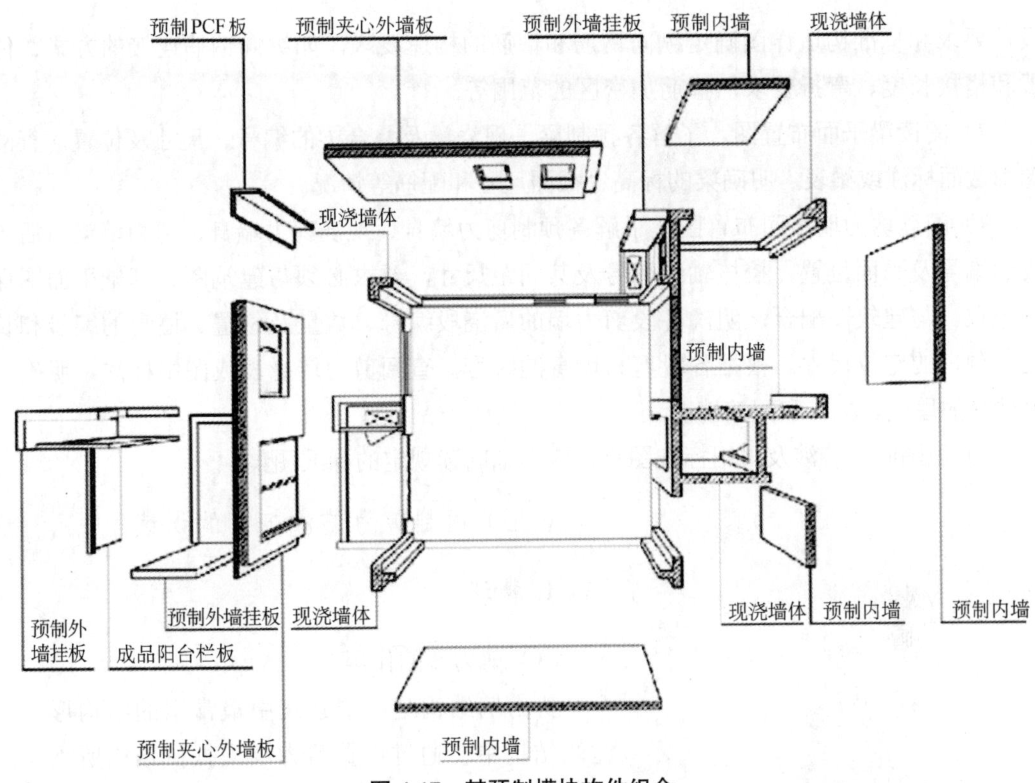

图 4-17　某预制模块构件组合

工作中多实践来锻炼自己的能力，也可借助计算机软件尝试边读图边用计算机建立建筑模型来提高自己的能力。

4）识读结构施工图之前，应先读结构设计总说明，了解工程概况、设计依据、主要材料要求、标准图或通用图的使用、构造要求及施工注意事项等。

5）阅读基础平面图详图。基础平面图应与建筑底层平面图结合起来看。装配式建筑所用基础与现浇混凝土结构相同，可采用现浇混凝土独立基础、条形基础等形式，也可以采用预制混凝土桩基础等。

图 4-18　某建筑整体示意图

6）阅读柱平面布置图，检查根据对应的建筑平面图校对柱的布置是否合理，柱网尺寸、柱断面尺寸与轴线的关系尺寸是否有误。与建筑施工图配合，需在识读时明确各柱的编号、数量和位置，根据各柱的编号，查阅图中的截面标注或柱表，明确柱的标高、截面尺寸、配筋情况。再根据抗震等级、设计要求和标准构造详图确定纵向钢筋和箍筋的构造要求，如纵向钢筋连接的方式、位置和搭接长度、弯折要求，箍筋加密区的范围等。

7）阅读梁平面布置图，了解各预制梁、现浇梁及叠合梁的编号、尺寸及位置，查阅图中截面标注或梁表，明确梁的标高、截面尺寸和配筋等情况。

8）阅读剪力墙平面布置图，了解各预制剪力墙身、现浇剪力墙身、剪力墙梁、后浇段的编号及平面位置，校核轴线编号及其间距尺寸，要求必须与建筑图、基础平面图保持一致。与建筑图配合，明确各段剪力墙的后浇段编号、数量及位置、墙身的编号和长度、洞口的定位尺寸。根据各段剪力墙身的编号，查阅剪力墙身表或图中标注，明确剪力墙身的厚度、标高和配筋情况。

9）识图时，若涉及采用标准图集，应详细阅读规定的标准图集。

（五）预制剪力墙施工图的识读

1. 概述

（1）剪力墙的作用

剪力墙结构是高层建筑中最常用的结构形式。建筑结构中会通过设置剪力墙来抵抗结构所承受的风荷载或地震作用引起的水平作用力，防止结构剪切破坏的发生。剪力墙又称为抗风墙、抗震墙或结构墙，一般为钢筋混凝土材料，如图 4-19 所示。

图 4-19 剪力墙结构

（2）剪力墙构件的组成

装配式剪力墙墙体结构可视为由预制剪力墙身、后浇段、现浇剪力墙身、现浇剪力墙柱、现浇剪力墙梁等构件构成。

2. 预制剪力墙的平法识读

（1）预制剪力墙的平法表示方式

预制剪力墙在墙平面布置图中通常采用截面注写方式和列表注写方式进行表达，如图 4-20 所示。

截面注写方式，是在剪力墙平面布置图上，直接在墙柱、墙梁、墙身上注写截面尺寸和配筋具体数值，来标明该构件的平法施工图。

列表注写方式，是在剪力墙平面布置图上标注墙柱、墙梁、预制墙板的定位和编号，并在“墙柱表”“墙梁表”“预制墙板表”中对应剪力墙平面布置图上的编号，具体标识各构件的几何尺寸及配筋的具体数值。

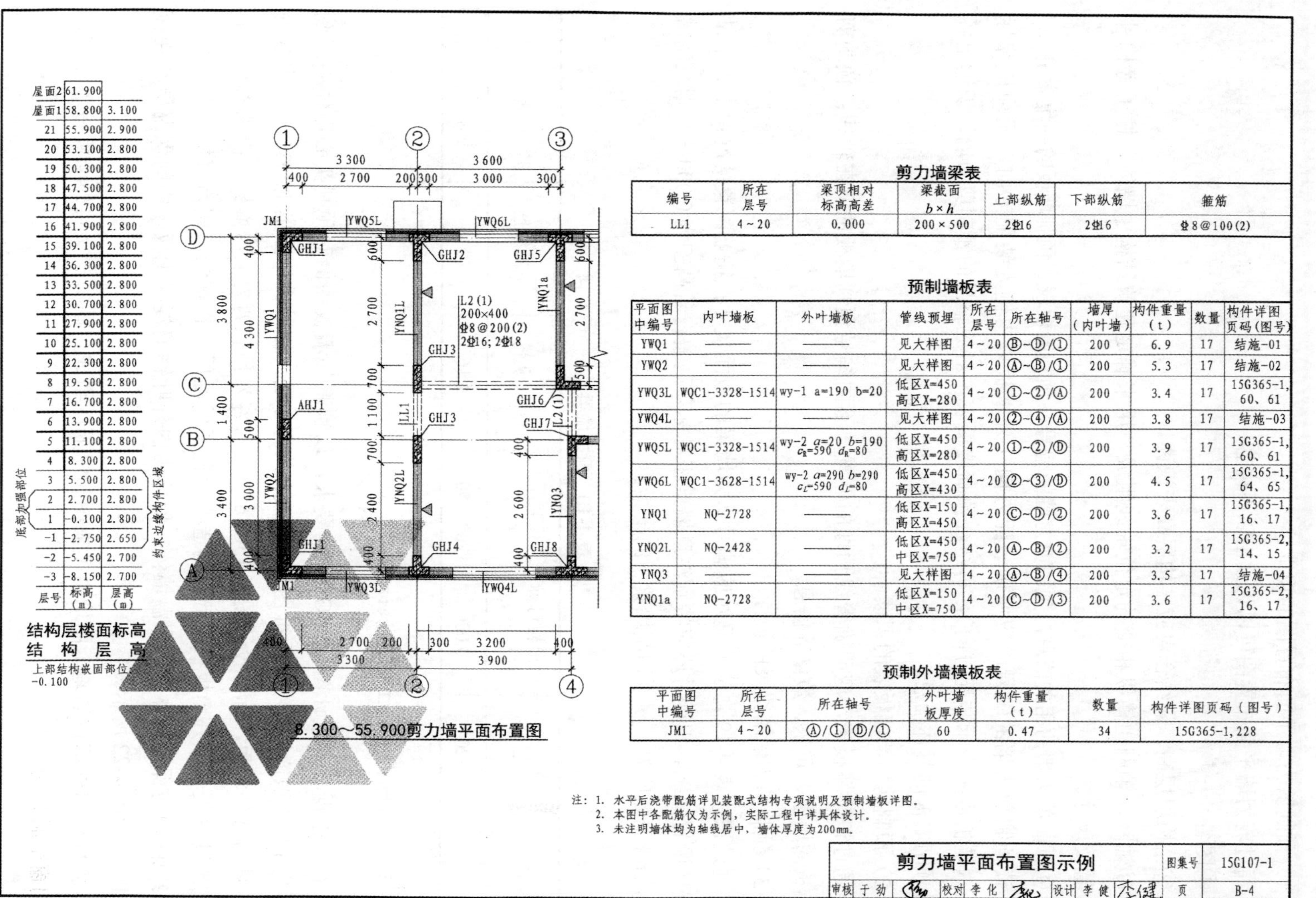

层号	标高(m)	层高(m)
屋面2	61.900	
屋面1	58.800	3.100
21	55.900	2.900
20	53.100	2.800
19	50.300	2.800
18	47.500	2.800
17	44.700	2.800
16	41.900	2.800
15	39.100	2.800
14	36.300	2.800
13	33.500	2.800
12	30.700	2.800
11	27.900	2.800
10	25.100	2.800
9	22.300	2.800
8	19.500	2.800
7	16.700	2.800
6	13.900	2.800
5	11.100	2.800
4	8.300	2.800
3	5.500	2.800
2	2.700	2.800
1	-0.100	2.800
-1	-2.750	2.650
-2	-5.450	2.700
-3	-8.150	2.700

剪力墙梁表

编号	所在层号	梁顶相对标高高差	梁截面 $b\times h$	上部纵筋	下部纵筋	箍筋
LL1	4～20	0.000	200×500	2⌀16	2⌀16	⌀8@100(2)

预制墙板表

平面图中编号	内叶墙板	外叶墙板	管线预埋	所在层号	所在轴号	墙厚（内叶墙）	构件重量（t）	数量	构件详图页码（图号）
YWQ1	——	——	见大样图	4～20	Ⓑ～Ⓓ/①	200	6.9	17	结施-01
YWQ2	——	——	见大样图	4～20	Ⓐ～Ⓑ/①	200	5.3	17	结施-02
YWQ3L	WQC1-3328-1514	wy-1 a=190 b=20	低区X=450 高区X=280	4～20	①～②/Ⓐ	200	3.4	17	15G365-1，60、61
YWQ4L	——	——	见大样图	4～20	②～④/Ⓐ	200	3.8	17	结施-03
YWQ5L	WQC1-3328-1514	wy-2 a=20 b=190 c_R=590 d_R=80	低区X=450 高区X=280	4～20	①～②/Ⓓ	200	3.9	17	15G365-1，60、61
YWQ6L	WQC1-3628-1514	wy-2 a=290 b=290 c_L=590 d_L=80	低区X=450 高区X=430	4～20	②～③/Ⓓ	200	4.5	17	15G365-1，64、65
YNQ1	NQ-2728	——	低区X=150 高区X=450	4～20	Ⓒ～Ⓓ/②	200	3.6	17	15G365-1，16、17
YNQ2L	NQ-2428	——	低区X=450 中区X=750	4～20	Ⓐ～Ⓑ/②	200	3.2	17	15G365-2，14、15
YNQ3	——	——	见大样图	4～20	Ⓐ～Ⓑ/④	200	3.5	17	结施-04
YNQ1a	NQ-2728	——	低区X=150 中区X=750	4～20	Ⓒ～Ⓓ/③	200	3.6	17	15G365-2，16、17

预制外墙模板表

平面图中编号	所在层号	所在轴号	外叶墙板厚度	构件重量（t）	数量	构件详图页码（图号）
JM1	4～20	Ⓐ/① Ⓓ/①	60	0.47	34	15G365-1，228

注：1. 水平后浇带配筋详见装配式结构专项说明及预制墙板详图。
2. 本图中各配筋仅为示例，实际工程中详具体设计。
3. 未注明墙体均为轴线居中，墙体厚度为200mm。

剪力墙平面布置图示例								图集号	15G107-1
审核	于劲		校对	李化		设计	李健	页	B-4

图 4-20　剪力墙平面布置图示例

（2）预制剪力墙的识读要点

1）预制剪力墙平面布置图的识读。

通过剪力墙平面布置图可以识读出以下内容：

①图名。

②结构层层高，需结合对应结构层高表识读。

③轴网，轴网由横纵相交的定位轴线组成，用来确定建筑结构中墙体、柱子等构件的位置及尺寸。

④预制剪力墙的相关信息，预制剪力墙的编号、预制墙板表、预制墙板的图集索引。

读预制剪力墙的编号时应明确装配方向（外墙板以内侧为装配方向，无须特殊标注，内墙板用▲表示装配方向），再结合预制墙板表中对应编号的预制剪力墙，识读出各编号预制墙板的具体信息。

2）预制剪力墙墙板表的识读。

通过识读墙板表，应明确管线预埋的位置；不同编号预制墙板的所在轴线；预制剪力墙板的墙厚、重量、数量等信息。

3）预制剪力墙墙梁表的识读。

通过识读表 4-19，应明确对应编号剪力墙梁的截面尺寸；箍筋配置情况；上、下部钢筋的配置情况。识读时还应特别注意墙梁相对标高高差，若高差为 0.000 m，则表明墙梁与墙身无高度差，属于预制墙梁中的暗梁。

表 4-19 剪力墙梁

编号	所在层号	梁顶相对标高高差/m	梁截面 $b \times h$	上部纵筋	下部纵筋	箍筋
LL1	4～20	0.000	200×500	2⌽16	2⌽16	⌽8@100（2）

3. 预制剪力墙施工图的识读

在此根据标准设计图集 15G365 的要求，以预制外墙板为例对预制实心墙体施工图（图 4-21）的识读做介绍。标准图集 15G365 共有 2 册，标准设计图集 15G365—1 内容为预制剪力墙外墙板，标准设计图集 15G365—2 内容为预制剪力墙内墙板。内墙板与外墙板构造基本类似，外墙板在内墙板构造上设置了保温层，也称为三明治墙板，是一种可以实现围护与保温一体化的保温墙体，墙体由内外叶钢筋混凝土板、中间保温层和连接件组成，如图 4-22 所示。

内墙板和外墙板的施工图均由模板图和配筋图组成，图集中又将外墙板按墙体有、无门窗空洞分为 5 类。

图 4-21　预制实心内墙模型

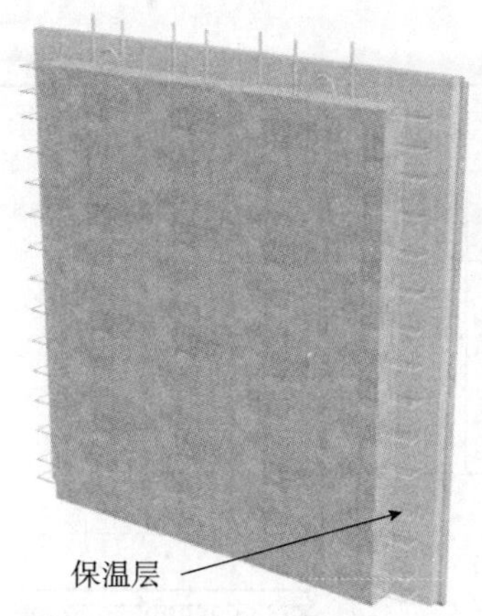

图 4-22　预制夹心保温外墙模型

（1）无洞口预制外墙板施工图识读

通过图 4-23 和图 4-24 应识读出以下内容：

1）图名，根据图名可以判断出该墙体属于哪类（有、无洞口的）外墙。

2）内叶墙/外叶墙尺寸，通过识读主视图可以清晰地看到组成该墙体的内叶墙和外叶墙，应注意内叶墙在前、外叶墙在后，且内、外叶墙尺寸不相同。

3）内叶墙/外叶墙厚度，除主视图外，各模板图均附有各墙体俯视图、仰视图、右视图，通过识读俯视图可以清晰地看到该预制墙体构造。

4）预埋线盒位置，通过识读主视图获得信息。

5）墙体连接方式，通过识读主视图获得信息。

6）支撑预埋螺母位置，通过识读主视图获得信息。

7）吊点位置，通过识读俯视图获得信息。

8）钢筋的配置情况，通过识读钢筋图中的配筋表和配筋图获得信息。

（2）有洞口预制外墙板施工图识读

通过图 4-25 和图 4-26 应识读出以下内容：

1）图名，根据图名可以判断出该墙体属于哪类（有、无洞口的）外墙。

2）预制外墙尺寸，通过图名和模板图获得信息。

3）预制外墙适用范围，通过识读文字说明可以获得信息，图中尺寸用于建筑面层为 50 mm 的墙板，括号内尺寸用于建筑面层为 100 mm 的墙板。识读模板图时应仔细阅读文字说明。

4）预埋配件情况，通过识读模板图中的预埋配件明细表并配合模板图获得相关信息。

5）套筒灌浆情况，通过识读灌浆分区示意图和主视图获得相关信息。

6）钢筋配置情况，通过识读配筋图、配筋表获得相关信息。

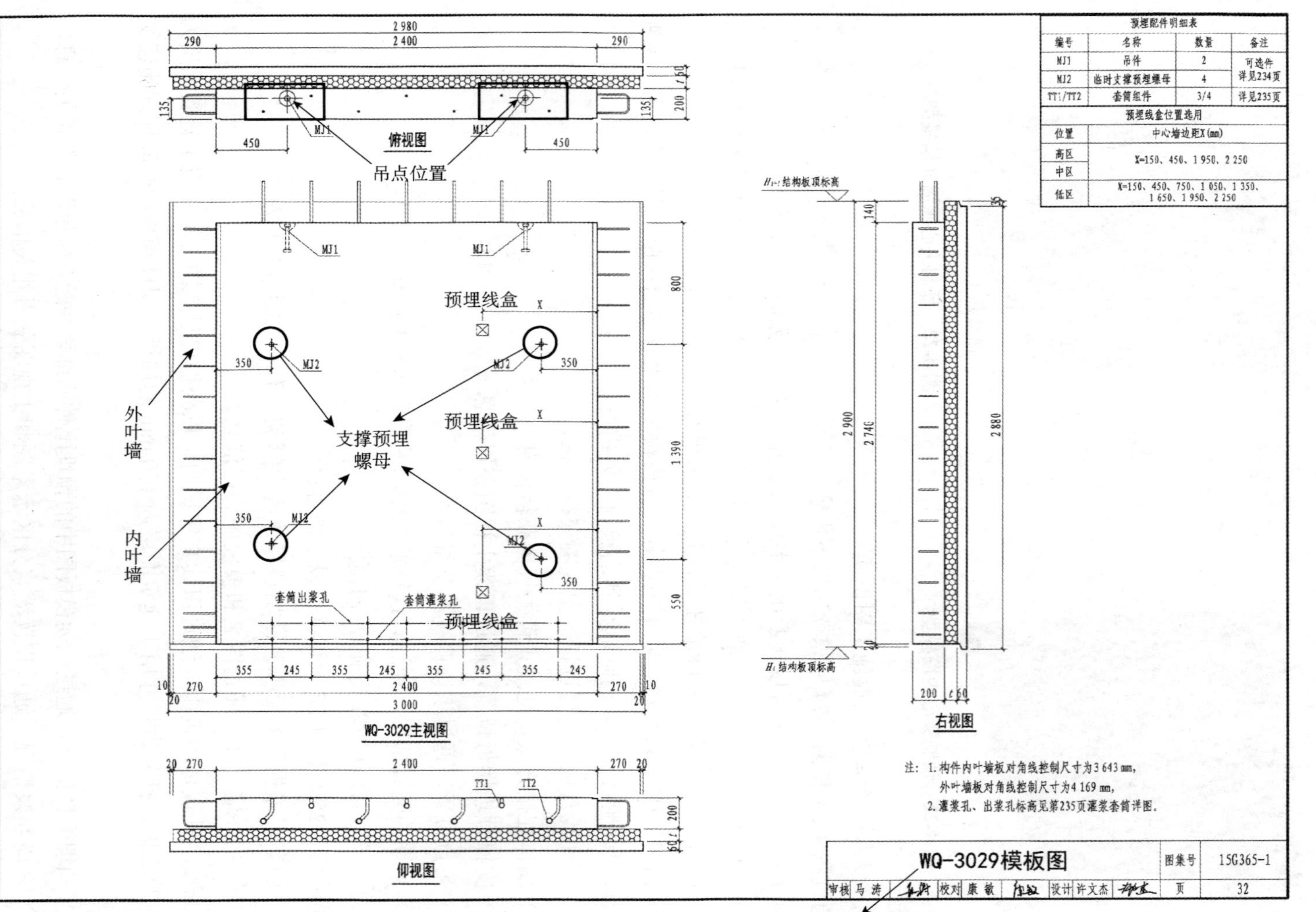

图 4-23 无洞口预制外墙板模板图示例

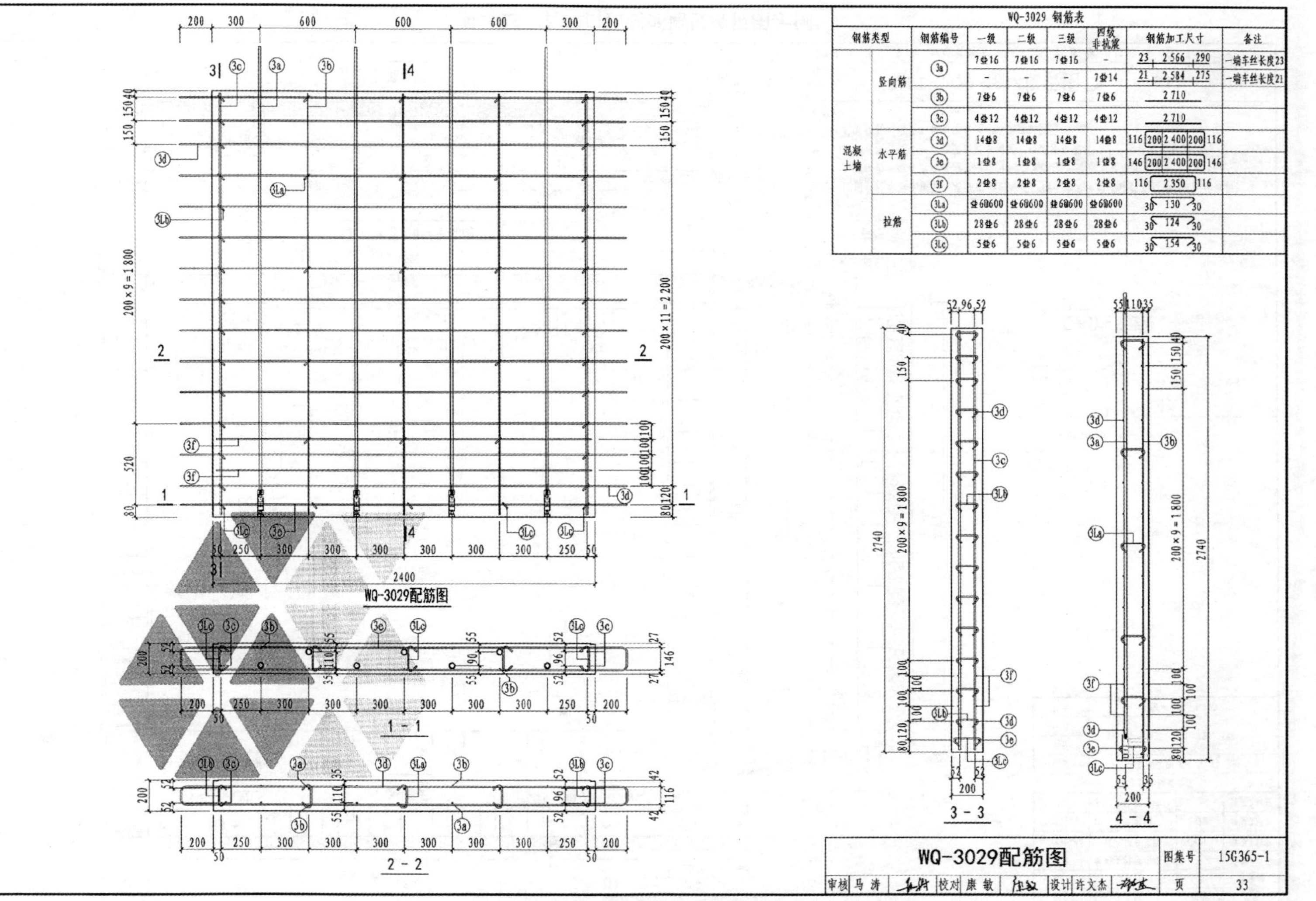

图 4-24　无洞口预制外墙板配筋图示例

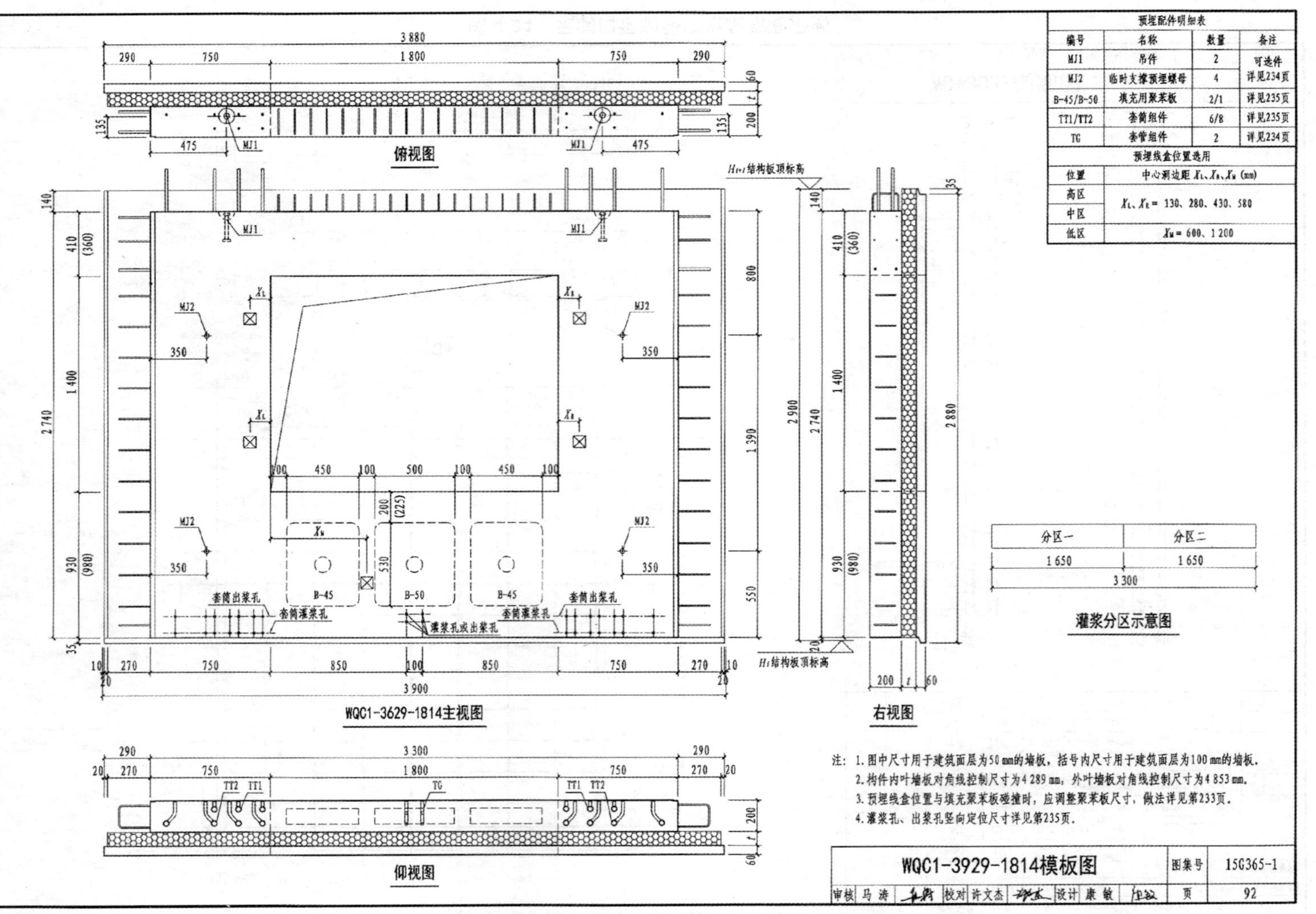

图 4-25 有洞口预制外墙板模板图示例

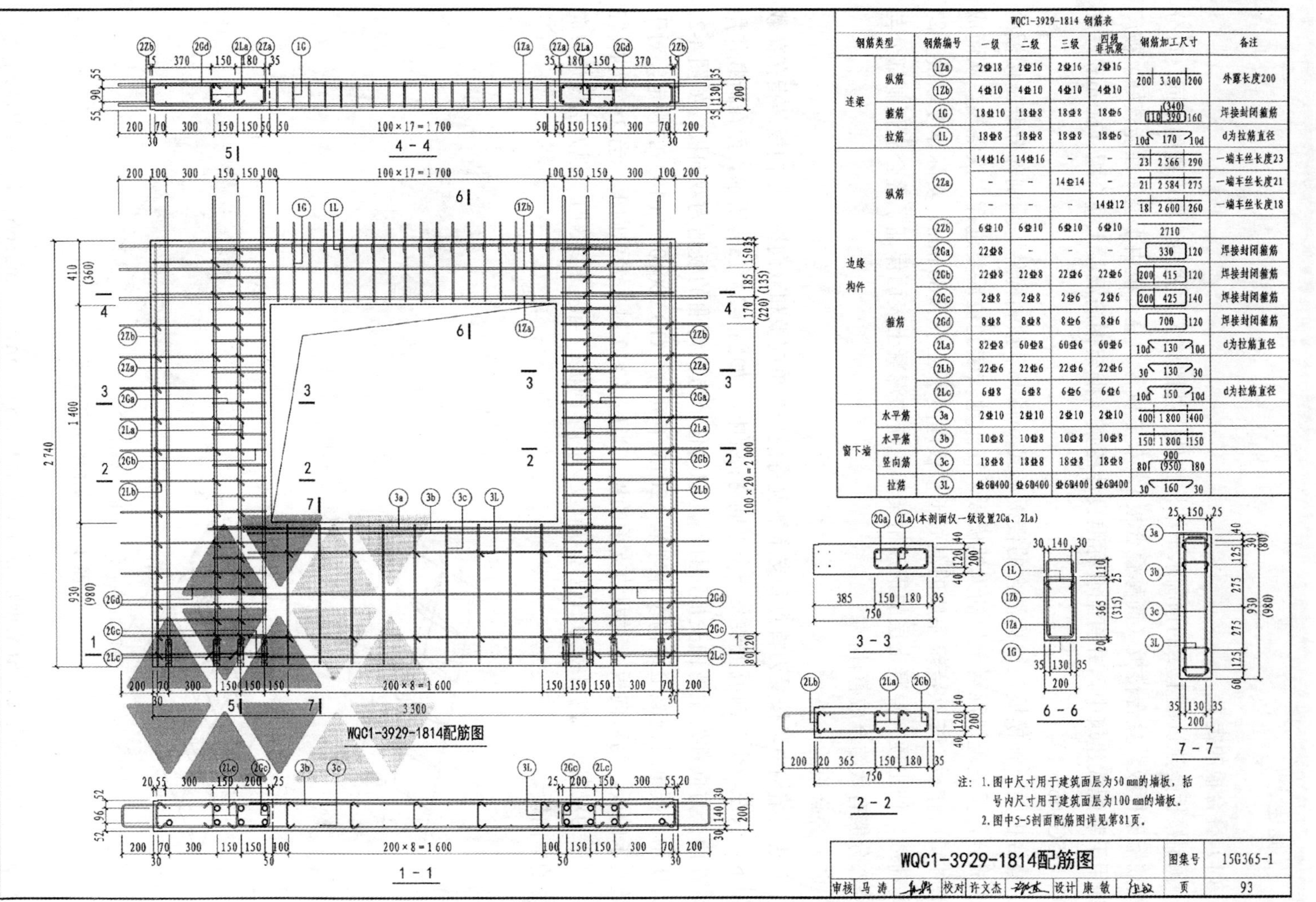

WQC1-3929-1814 钢筋表

钢筋类型		钢筋编号	一级	二级	三级	四级非抗震	钢筋加工尺寸	备注
连梁	纵筋	1Za	2⌀18	2⌀16	2⌀16	2⌀16	200 3 300 200	外露长度200
		1Zb	4⌀10	4⌀10	4⌀10	4⌀10		
	箍筋	1G	18⌀10	18⌀8	18⌀8	18⌀6	(340) 110 390 160	焊接封闭箍筋
	拉筋	1L	18⌀8	18⌀8	18⌀8	18⌀6	10d 170 10d	d为拉筋直径
边缘构件	纵筋	2Za	14⌀16	14⌀16	-	-	23 2 566 290	一端车丝长度23
			-	-	14⌀14	-	21 2 584 275	一端车丝长度21
			-	-	-	14⌀12	18 2 600 260	一端车丝长度18
		2Zb	6⌀10	6⌀10	6⌀10	6⌀10	2710	
	箍筋	2Ga	22⌀8	-	-	-	330 120	焊接封闭箍筋
		2Gb	22⌀8	22⌀8	22⌀6	22⌀6	200 415 120	焊接封闭箍筋
		2Gc	2⌀8	2⌀8	2⌀6	2⌀6	200 425 140	焊接封闭箍筋
		2Gd	8⌀8	8⌀8	8⌀6	8⌀6	700 120	焊接封闭箍筋
		2La	82⌀8	60⌀8	60⌀6	60⌀6	10d 130 10d	d为拉筋直径
		2Lb	22⌀6	22⌀6	22⌀6	22⌀6	30 130 30	
		2Lc	6⌀8	6⌀8	6⌀6	6⌀6	10d 150 10d	d为拉筋直径
窗下墙	水平筋	3a	2⌀10	2⌀10	2⌀10	2⌀10	400 1 800 400	
	水平筋	3b	10⌀8	10⌀8	10⌀8	10⌀8	150 1 800 150	
	竖向筋	3c	18⌀8	18⌀8	18⌀8	18⌀8	900 80 (950) 180	
	拉筋	3L	⌀6@400	⌀6@400	⌀6@400	⌀6@400	30 160 30	

图 4-26　有洞口预制外墙板配筋图示例

（六）桁架钢筋混凝土叠合板施工图的识读

1. 概述

（1）叠合板的定义

预制楼板是建筑最主要的预制水平结构构件，按照施工方式和结构性能的不同，可分为钢筋桁架模板、叠合楼板（简称叠合板）、双 T 板等。叠合板由于整体性能较好，被广泛地用于装配式建筑中，并有配套标准设计图集《桁架钢筋混凝土叠合板（60 mm 厚底板）》（15G366—1）。

叠合板是一种模板、结构混合的楼板形式，属于半预制构件。预制部分既是楼板的组成成分，又是现浇混凝土层的天然模板。在工地安装到位后要进行二次浇筑，从而成为整体实心楼板。二次浇筑完成的混凝土楼板厚度不应小于 60 mm，实际厚度取决于跨度与荷载。伸出预制混凝土层的钢筋桁架和粗糙的混凝土表面保证了叠合板预制部分与现浇部分能有效结合成整体。

（2）叠合板的分类

在建筑结构中，按受力特点和支承情况将板分为单向板和双向板。单向板是指在荷载作用下，只在一个方向或主要在一个方向弯曲的板，如图 4-27（a）所示。而在荷载作用下，在两个方向都发生弯曲变形，且不能忽略任一方向弯曲的板则为双向板，如图 4-27（b）所示。根据《混凝土结构设计规范（2015 年版）》（GB 50010—2010）的规定，对于两边支承的板，为双向板。对四边支承的板，当$l_2/l_1 \leqslant 2$时，为单向板；当$2 < l_2/l_1 < 3$时，可视为双向板，也可视为沿短边方向受力的单向板；当$l_2/l_1 \geqslant 3$时，视为沿短边方向受力的单向板。

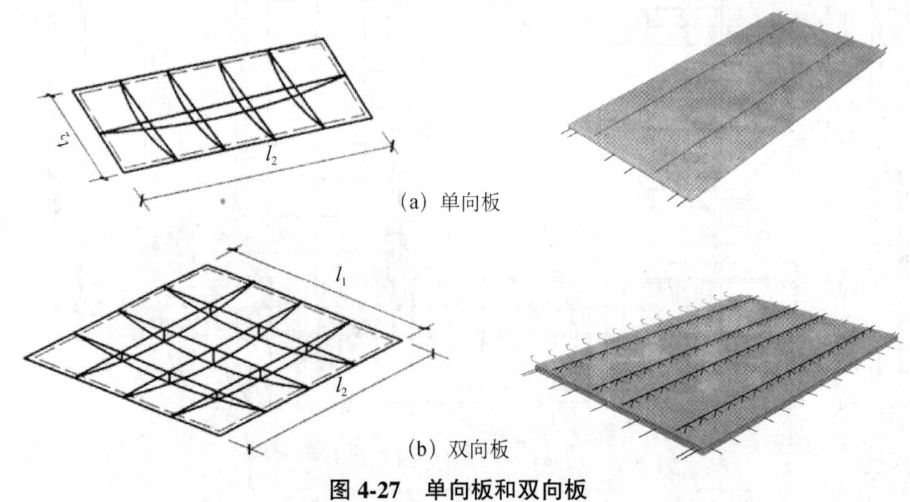

(a) 单向板

(b) 双向板

图 4-27 单向板和双向板

（3）标准设计图集《桁架钢筋混凝土叠合板（60 mm）》（15G366—1）知识体系

国家标准设计图集《桁架钢筋混凝土叠合板（60 mm）》（15G366—1）中混凝土叠合

板底板厚度均为 60 mm，后浇混凝土叠合层厚度为 70 mm、80 mm、90 mm 三种，图集知识体系见表 4-20。

表 4-20　标准设计图集《桁架钢筋混凝土叠合板（60 mm）》（15G366—1）知识体系

桁架钢筋混凝土叠合板		15G366—1
编制说明		P3～P6
底板类型	双向板	P7～P56
	单向板	P57～P66
吊点	双向板	P67～P75
	单向板	P76～P80
详图		P81～P83

2. 桁架钢筋混凝土叠合板施工图的识读

叠合板（图集中也称“叠合楼盖”）施工图主要包括预制底板平面布置图、现浇层配筋图、水平后浇带或圈梁布置图。通过图 4-28 可以识读以下内容：

1）图名，通常标注在相应图纸下方或图纸标题栏内。

2）平面图适用范围，需结合结构层高表识读。

3）叠合板构件编号，通过编号可识读出构件为单向板还是双向板。

4）预制底板表，结合底板平面布置图，识读叠合板预制底板表，明确各叠合预制底板在底板平面布置图所在的位置，明确各叠合预制板所应用的楼层、构件重量、数量。

5）现浇层平面配筋情况，通过现浇层平面配筋图识读。

6）水平后浇带情况，配合水平后浇带表识读水平后浇带平面布置图，明确各水平后浇带的编号、位置、配筋情况。

3. 预制叠合底板施工图的识读

（1）双向板施工图的识读

预制叠合双向板底板施工图包含模板图和配筋图，标准设计图集《桁架钢筋混凝土叠合板（60 mm 厚底板）》（15G366—1）中所包含预制底板模板图及配筋图均按照板宽进行绘制，如图 4-29 所示，即标志宽度为 1 200 mm 双向板底板边板模板及配筋图，长度方向可为 3 000 mm、3 600 mm、3 900 mm、4 200 mm、4 500 mm、4 800 mm、5 100 mm、5 400 mm、5 700 mm 及 6 000 mm。根据实际底板宽度、长度及现浇层厚度在左侧底板参数表及底板配筋表中查找对应信息。

通过模板图可识读以下内容：

1）结合底板参数表识读板模板图及对应剖面图，明确底板的类型、尺寸、桁架数量、桁架位置、混凝土体积、底板自重等信息，以方便后续编制施工组织方案等。

2）明确叠合底板需要进行粗糙面处理的位置。

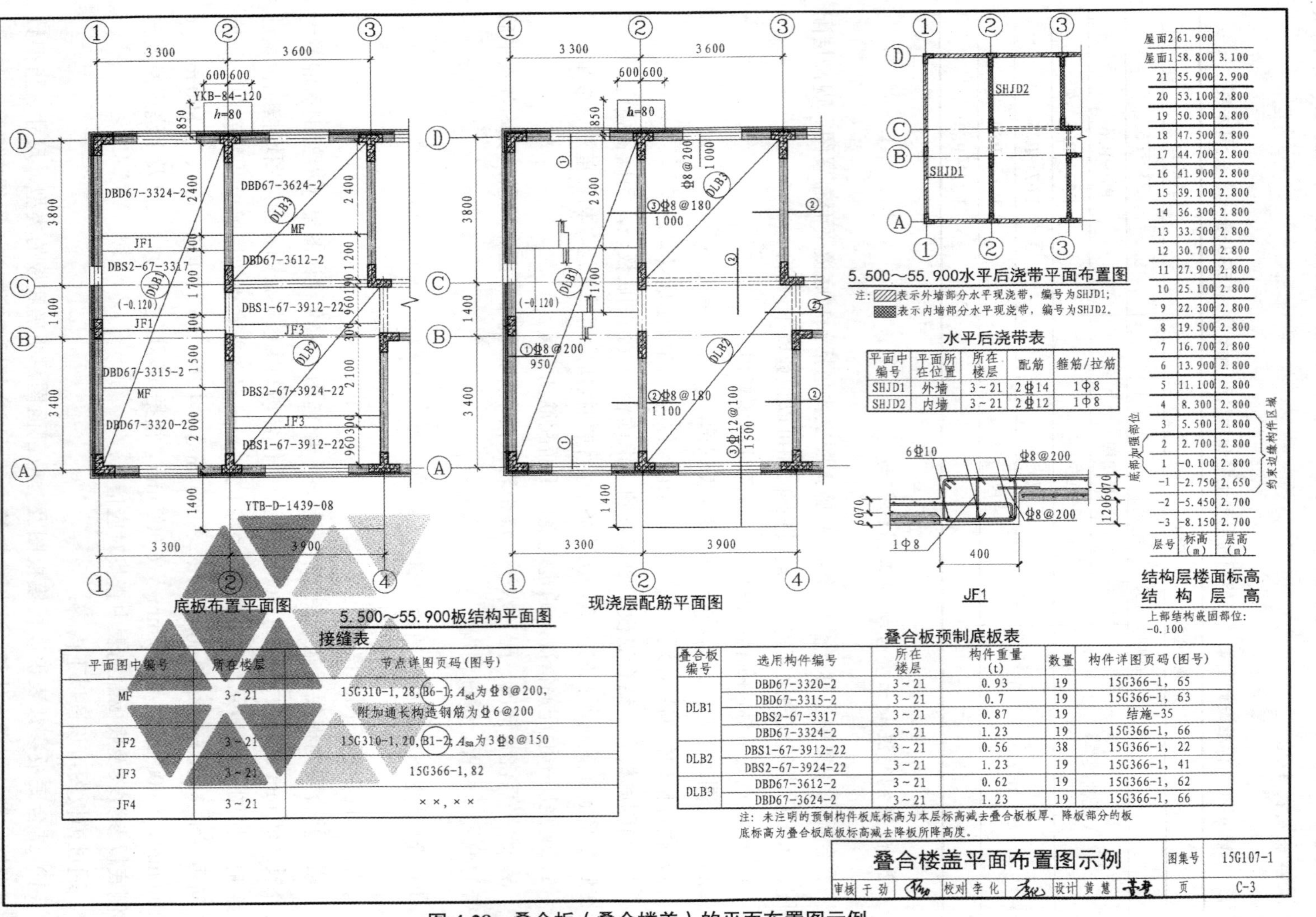

接缝表

平面图中编号	所在楼层	节点详图页码（图号）
MF	3~21	15G310-1，28，B6-1；A_{sd}为Φ8@200，附加通长构造钢筋为Φ6@200
JF2	3~21	15G310-1，20，B1-2；A_{sa}为3Φ8@150
JF3	3~21	15G366-1，82
JF4	3~21	××，××

水平后浇带表

平面中编号	平面所在位置	所在楼层	配筋	箍筋/拉筋
SHJD1	外墙	3~21	2Φ14	1Φ8
SHJD2	内墙	3~21	2Φ12	1Φ8

层号	标高（m）	层高（m）
屋面2	61.900	
屋面1	58.800	3.100
21	55.900	2.900
20	53.100	2.800
19	50.300	2.800
18	47.500	2.800
17	44.700	2.800
16	41.900	2.800
15	39.100	2.800
14	36.300	2.800
13	33.500	2.800
12	30.700	2.800
11	27.900	2.800
10	25.100	2.800
9	22.300	2.800
8	19.500	2.800
7	16.700	2.800
6	13.900	2.800
5	11.100	2.800
4	8.300	2.800
3	5.500	2.800
2	2.700	2.800
1	-0.100	2.800
-1	-2.750	2.650
-2	-5.450	2.700
-3	-8.150	2.700

叠合板预制底板表

叠合板编号	选用构件编号	所在楼层	构件重量（t）	数量	构件详图页码（图号）
DLB1	DBD67-3320-2	3~21	0.93	19	15G366-1，65
	DBD67-3315-2	3~21	0.7	19	15G366-1，63
	DBS2-67-3317	3~21	0.87	19	结施-35
	DBD67-3324-2	3~21	1.23	19	15G366-1，66
DLB2	DBS1-67-3912-22	3~21	0.56	38	15G366-1，22
	DBS2-67-3924-22	3~21	1.23	19	15G366-1，41
DLB3	DBD67-3612-2	3~21	0.62	19	15G366-1，62
	DBD67-3624-2	3~21	1.23	19	15G366-1，66

注：未注明的预制构件板底标高为本层标高减去叠合板板厚，降板部分的板底标高为叠合板底板标高减去降板所降高度。

图 4-28 叠合板（叠合楼盖）的平面布置图示例

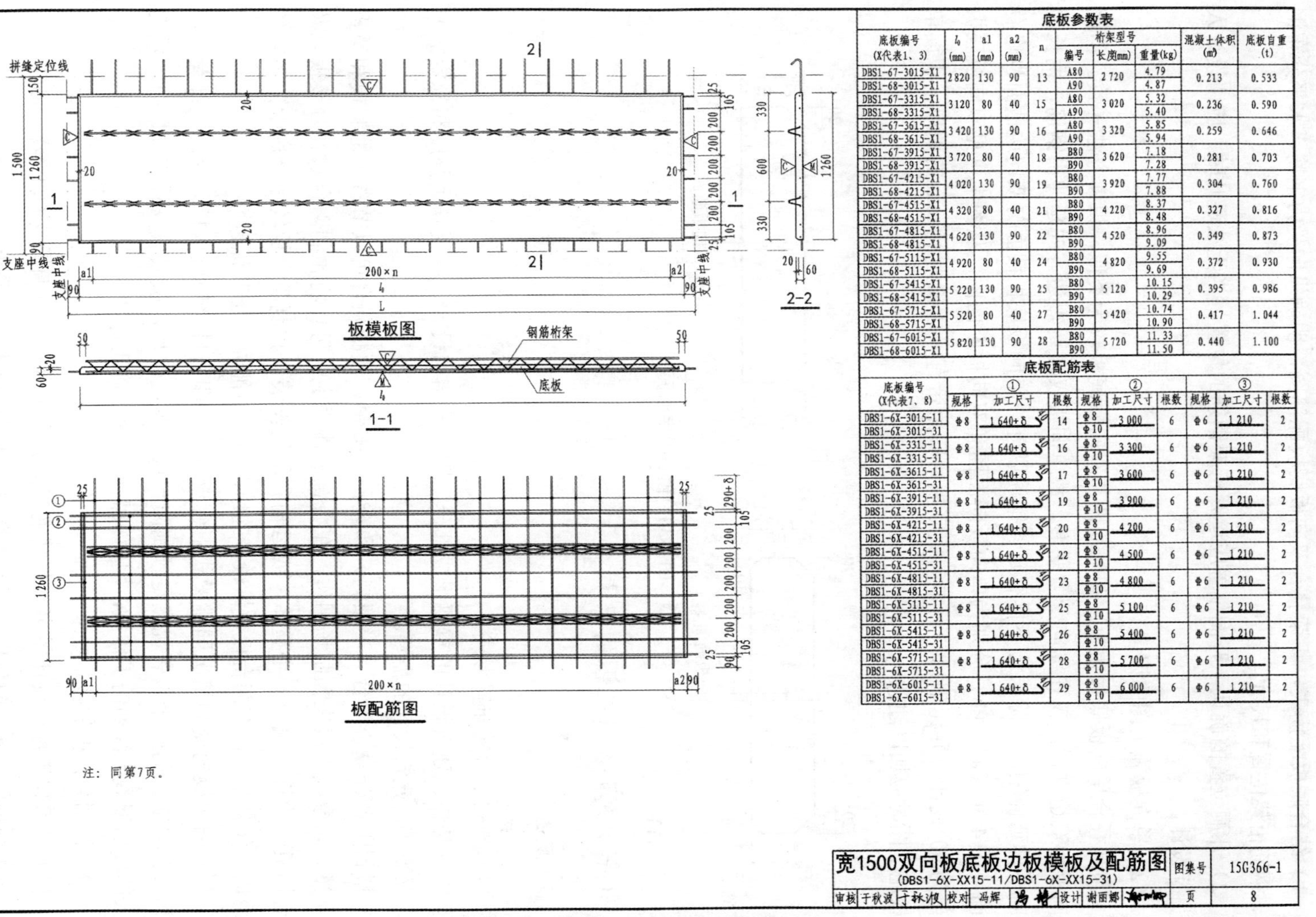

底板参数表

底板编号（X代表1、3）	l_0 (mm)	a1 (mm)	a2 (mm)	n	桁架型号 编号	桁架型号 长度(mm)	桁架型号 重量(kg)	混凝土体积 (m³)	底板自重 (t)
DBS1-67-3015-X1	2 820	130	90	13	A80	2 720	4.79	0.213	0.533
DBS1-68-3015-X1					A90		4.87		
DBS1-67-3315-X1	3 120	80	40	15	A80	3 020	5.32	0.236	0.590
DBS1-68-3315-X1					A90		5.40		
DBS1-67-3615-X1	3 420	130	90	16	A80	3 320	5.85	0.259	0.646
DBS1-68-3615-X1					A90		5.94		
DBS1-67-3915-X1	3 720	80	40	18	B80	3 620	7.18	0.281	0.703
DBS1-68-3915-X1					B90		7.28		
DBS1-67-4215-X1	4 020	130	90	19	B80	3 920	7.77	0.304	0.760
DBS1-68-4215-X1					B90		7.88		
DBS1-67-4515-X1	4 320	80	40	21	B80	4 220	8.37	0.327	0.816
DBS1-68-4515-X1					B90		8.48		
DBS1-67-4815-X1	4 620	130	90	22	B80	4 520	8.96	0.349	0.873
DBS1-68-4815-X1					B90		9.09		
DBS1-67-5115-X1	4 920	80	40	24	B80	4 820	9.55	0.372	0.930
DBS1-68-5115-X1					B90		9.69		
DBS1-67-5415-X1	5 220	130	90	25	B80	5 120	10.15	0.395	0.986
DBS1-68-5415-X1					B90		10.29		
DBS1-67-5715-X1	5 520	80	40	27	B80	5 420	10.74	0.417	1.044
DBS1-68-5715-X1					B90		10.90		
DBS1-67-6015-X1	5 820	130	90	28	B80	5 720	11.33	0.440	1.100
DBS1-68-6015-X1					B90		11.50		

底板配筋表

底板编号（X代表7、8）	① 规格	① 加工尺寸	① 根数	② 规格	② 加工尺寸	② 根数	③ 规格	③ 加工尺寸	③ 根数
DBS1-6X-3015-11	Φ8	1 640+δ	14	Φ8	3 000	6	Φ6	1 210	2
DBS1-6X-3015-31				Φ10					
DBS1-6X-3315-11	Φ8	1 640+δ	16	Φ8	3 300	6	Φ6	1 210	2
DBS1-6X-3315-31				Φ10					
DBS1-6X-3615-11	Φ8	1 640+δ	17	Φ8	3 600	6	Φ6	1 210	2
DBS1-6X-3615-31				Φ10					
DBS1-6X-3915-11	Φ8	1 640+δ	19	Φ8	3 900	6	Φ6	1 210	2
DBS1-6X-3915-31				Φ10					
DBS1-6X-4215-11	Φ8	1 640+δ	20	Φ8	4 200	6	Φ6	1 210	2
DBS1-6X-4215-31				Φ10					
DBS1-6X-4515-11	Φ8	1 640+δ	22	Φ8	4 500	6	Φ6	1 210	2
DBS1-6X-4515-31				Φ10					
DBS1-6X-4815-11	Φ8	1 640+δ	23	Φ8	4 800	6	Φ6	1 210	2
DBS1-6X-4815-31				Φ10					
DBS1-6X-5115-11	Φ8	1 640+δ	25	Φ8	5 100	6	Φ6	1 210	2
DBS1-6X-5115-31				Φ10					
DBS1-6X-5415-11	Φ8	1 640+δ	26	Φ8	5 400	6	Φ6	1 210	2
DBS1-6X-5415-31				Φ10					
DBS1-6X-5715-11	Φ8	1 640+δ	28	Φ8	5 700	6	Φ6	1 210	2
DBS1-6X-5715-31				Φ10					
DBS1-6X-6015-11	Φ8	1 640+δ	29	Φ8	6 000	6	Φ6	1 210	2
DBS1-6X-6015-31				Φ10					

图 4-29　预制叠合板双向板板底图示例

通过配筋图可识读以下内容：

1）结合底板配筋表，识读叠合双向板底板配筋图，明确纵向受力钢筋、水平分布钢筋、钢筋桁架位置和尺寸。

2）开洞位置的确认，开洞位置应避开桁架钢筋的位置，当无法避开时，应请设计人员另行设计。

（2）单向板施工图的识读

预制叠合单向板底板模板图和配筋图与双向板底板较为类似，识读方法一致。但因单向板为双边支撑，仅在纵向受力变形，故单向板仅在两短边方向延伸出钢筋，两长边方向不再延伸钢筋，除长边不再有延伸钢筋以外，单向板底板截面与双向边截面也略有不同，图 4-30（a）、（b）分别为单向板断面图和双向板断面图。从图中可见双向板底板底部为90°设计，并无剖口，而单向板底板两底角带有一边长为 10 mm 的剖口，识读单向板施工图时应加以注意。

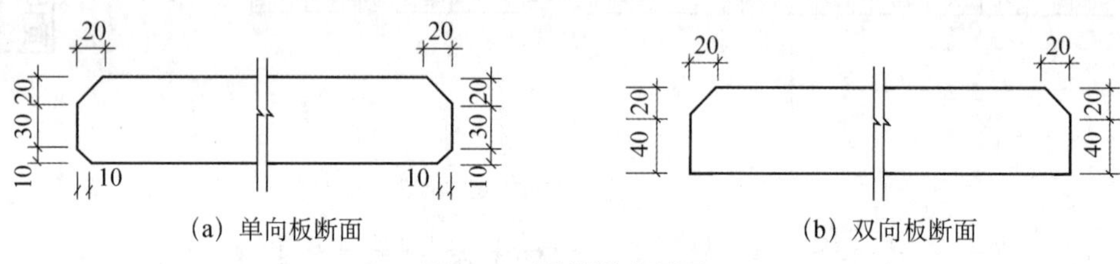

（a）单向板断面　　（b）双向板断面

图 4-30　预制板底断面

（七）制阳台施工图的识读

1. 概述

（1）预制阳台的布置形式

阳台是住宅建筑设计的重要组成部分，阳台的结构设计，既要满足强度和稳定的要求，又要满足建筑设计的需要。

预制阳台分叠合阳台（半预制）和全预制阳台。预制阳台可以节省工地制模和昂贵的支撑。阳台板一般在预制场制作，在叠合板体系中，可以将预制阳台和叠合楼板以及叠合墙板一次性浇筑成一个整体，或运输到现场安装。预制阳台板较适合用于由多幢住宅组成的住宅小区，在阳台板数量较多的情况下，更能显示出其优越性。

预制阳台板的受力情况同挑梁式阳台板相同，即由悬挑横梁承担阳台的全部荷载，结构安全可靠；另一个显著优点是预制阳台板吊装就位后，板底设立柱支顶即可，没有很大的现场混凝土浇灌的工作量，因而极大地加快了施工速度。

（2）预制阳台板的技术要求

根据国家建筑标准设计图集《预制钢筋混凝土阳台板、空调板及女儿墙》（15G368—1），对预制钢筋混凝土阳台板、空调板选用原则提出以下技术要求：

1）预制钢筋混凝土阳台板、空调板，宜选用图集《预制钢筋混凝土阳台板、空调板及女儿墙》（15G368—1）的做法。选用标准图集，可简化设计过程，便于形成规模化生产，降低工程成本。

2）同一建筑单体，预制阳台板、预制空调板规格均不宜超过两种。限制预制阳台板和预制空调板规格数量，有利于预制构件的规模化生产，降低构件成本。

3）预制阳台板长度，宜采用 2 M（即 200 mm）的整数倍数。

4）预制阳台板宽度，宜采用 3 M（即 300 mm）的整数倍数。

5）预制阳台板封边高度，宜采用 4 M（即 400 mm）的整数倍数。实际工程中，如需要较高的阳台栏板，可另做阳台栏板构件。

2. 预制阳台板的识读

预制阳台板常见的有叠合板式阳台和全预制阳台。本节主要对叠合板式阳台板构造详图和全预制阳台板构造详图的施工图识读进行介绍。

叠合板式阳台构件：

叠合板式阳台指由预制混凝土阳台板和后浇混凝土阳台板叠加合成的、以两阶段成型的整体受力的结构构件。由于阳台部分构件为预制件，减少了工地现场浇筑混凝土的工作量，可以有效提高施工效率。

叠合板式阳台施工图主要分为底板模板图、底板配筋图、底板钢筋图和节点详图，其示例如图 4-31～图 4-34 所示，可从中识读的内容有：

1）图名。

2）通过识读底板模板图，可知阳台在建筑中所处的位置及所在房间开间；阳台的宽度和长度方向的尺寸；阳台排水预留孔、吊点等构造的水平位置及尺寸；叠合板现浇层厚度，预制板厚度、现浇板与预制板的叠合处理及有关尺寸；外叶墙及保温层厚度、阳台板封边厚度。

3）通过识读底板配筋图，可知预制阳台板钢筋（包含加强筋）的编号、规格、数量、形状、尺寸等信息；预制阳台板钢筋（包含加强筋）的排布信息；各节点钢筋的排布信息。

4）通过识读钢筋表，可知预制阳台板钢筋（包含加强筋）的编号、名称、规格、数量、形状、尺寸、重量等信息。

5）通过识读节点详图，可知阳台板与主体结构安装信息；叠合板式阳台与主体结构节点连接信息；封边桁架钢筋信息；阳台板封边预埋件信息；阳台栏杆预埋件信息；滴水线、预埋吊环信息等。

3. 全预制阳台构件的识读

全预制阳台表面的平整度可以做得和模具的表面一样平或者做出凹陷的效果，地面坡度和排水口也在工厂预制完成，可以节省工地制模和昂贵的支撑，更能极大地提高施工效率。

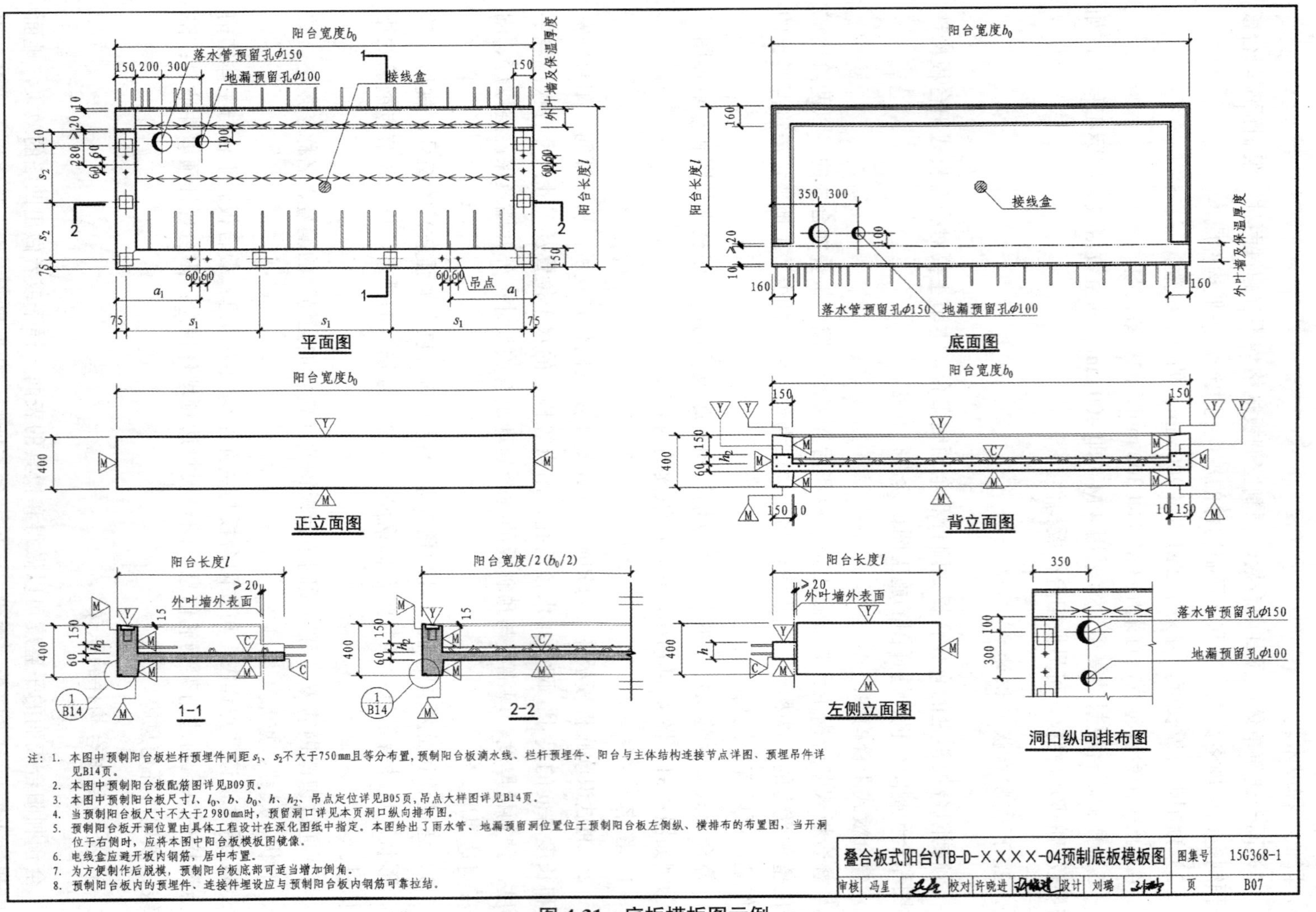

图 4-31 底板模板图示例

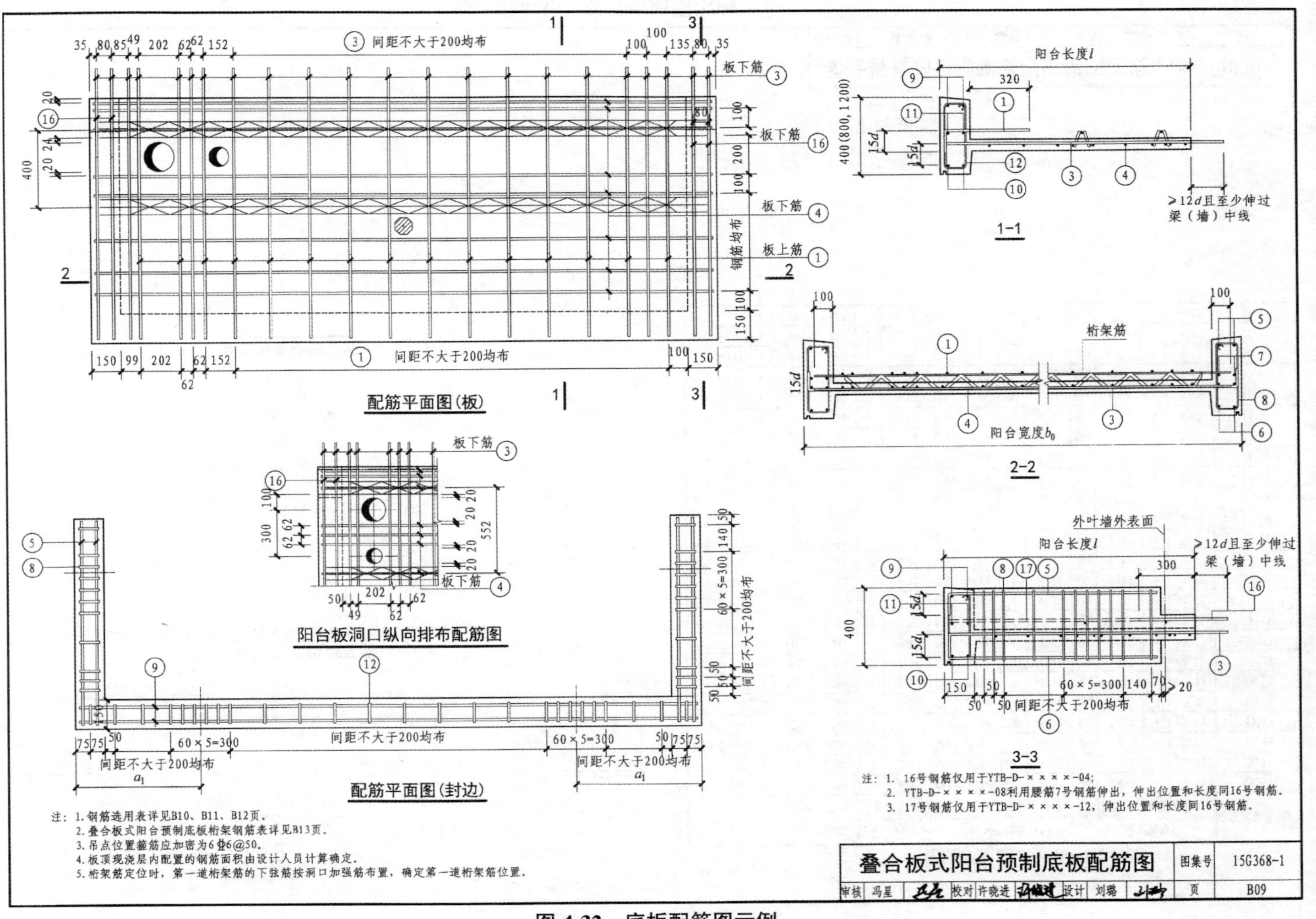

图 4-32 底板配筋图示例

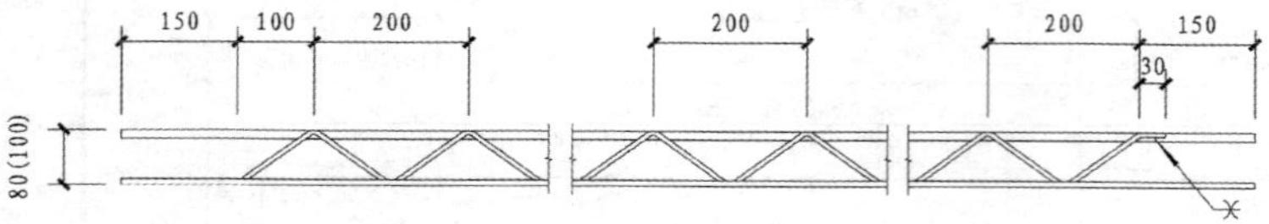

150 100 200 200 200 150 30 80(100)

钢筋桁架纵剖面图

注：80 mm的桁架钢筋对应130 mm叠合板厚；100 mm的桁架钢筋对应150 mm叠合板厚。

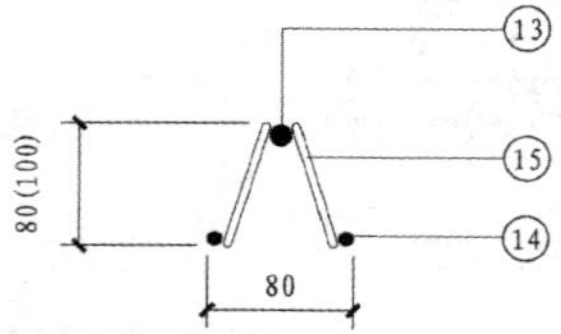

13 15 14 80(100) 80

钢筋桁架横剖面图

叠合板式阳台预制底板桁架钢筋表

构件编号	上弦钢筋(13)				下弦钢筋(14)				腹杆钢筋(15)				钢筋总重量(kg)
	规格	长度(mm)	根数	重量(kg)	规格	长度(mm)	根数	重量(kg)	规格	长度(mm)	根数	重量(kg)	
YTB-D-1024-××	Φ10	2 280	2	2.81	Φ8	2 280	4	3.60	Φ6	2 454	4	2.18	8.59
YTB-D-1027-××	Φ10	2 580	2	3.18	Φ8	2 580	4	4.07	Φ6	2 832	4	2.51	9.77
YTB-D-1030-××	Φ10	2 880	2	3.55	Φ8	2 880	4	4.55	Φ6	3 210	4	2.85	10.95
YTB-D-1033-××	Φ10	3 180	2	3.92	Φ8	3 180	4	5.02	Φ6	3 588	4	3.19	12.13
YTB-D-1036-××	Φ10	3 480	2	4.29	Φ8	3 480	4	5.49	Φ6	3 966	4	3.52	13.30
YTB-D-1039-××	Φ12	3 780	2	6.71	Φ8	3 780	4	5.97	Φ6	4 344	4	3.86	16.53
YTB-D-1042-××	Φ12	4 080	2	7.24	Φ8	4 080	4	6.44	Φ6	4 722	4	4.19	17.88
YTB-D-1045-××	Φ12	4 380	2	7.78	Φ8	4 380	4	6.91	Φ6	5 100	4	4.53	19.22
YTB-D-1224-××	Φ10	2 280	2	2.81	Φ8	2 280	4	3.60	Φ6	2 454	4	2.18	8.59
YTB-D-1227-××	Φ10	2 580	2	3.18	Φ8	2 580	4	4.07	Φ6	2 832	4	2.51	9.77
YTB-D-1230-××	Φ10	2 880	2	3.55	Φ8	2 880	4	4.55	Φ6	3 210	4	2.85	10.95
YTB-D-1233-××	Φ10	3 180	2	3.92	Φ8	3 180	4	5.02	Φ6	3 588	4	3.19	12.13
YTB-D-1236-××	Φ10	3 480	2	4.29	Φ8	3 480	4	5.49	Φ6	3 966	4	3.52	13.30
YTB-D-1239-××	Φ12	3 780	2	6.71	Φ8	3 780	4	5.97	Φ6	4 344	4	3.86	16.53
YTB-D-1242-××	Φ12	4 080	2	7.24	Φ8	4 080	4	6.44	Φ6	4 722	4	4.19	17.88
YTB-D-1245-××	Φ12	4 380	2	7.78	Φ8	4 380	4	6.91	Φ6	5 100	4	4.53	19.22
YTB-D-1424-××	Φ10	2 280	2	2.81	Φ8	2 280	4	3.60	Φ6	2 682	4	2.38	8.79
YTB-D-1427-××	Φ10	2 580	2	3.18	Φ8	2 580	4	4.07	Φ6	3 096	4	2.75	10.00
YTB-D-1430-××	Φ10	2 880	2	3.55	Φ8	2 880	4	4.55	Φ6	3 510	4	3.12	11.21
YTB-D-1433-××	Φ10	3 180	2	3.92	Φ8	3 180	4	5.02	Φ6	3 924	4	3.48	12.42
YTB-D-1436-××	Φ10	3 480	2	4.29	Φ8	3 480	4	5.49	Φ6	4 338	4	3.85	13.63
YTB-D-1439-××	Φ12	3 780	2	6.71	Φ8	3 780	4	5.97	Φ6	4 752	4	4.22	16.90
YTB-D-1442-××	Φ12	4 080	2	7.24	Φ8	4 080	4	6.44	Φ6	5 166	4	4.59	18.27
YTB-D-1445-××	Φ12	4 380	2	7.78	Φ8	4 380	4	6.91	Φ6	5 580	4	4.95	19.64

叠合板式阳台预制底板桁架钢筋表	图集号	15G368-1
审核 冯星 校对 许晓进 设计 刘璐	页	B13

图 4-33　底板钢筋图示例

剪力墙暗柱
剪力墙暗柱
叠合板式阳台
阳台计算长度l_0
阳台宽度b_0
阳台板与主体结构安装平面图
注：图中所示板边附加加强钢筋，一般用于采用夹心保温剪力墙外墙板情况。
内埋式吊杆
与封边内箍筋绑扎为一体
与封边内箍筋绑扎为一体
预埋钢环
预留槽，吊环割除后，以水泥砂浆填实
ϕ6锚筋
内埋式吊杆
预埋吊环
阳台板吊装预埋件详图
桁架钢筋
现浇层
封边
预制底板
封边位置桁架钢筋详图
滴水线
叠合板式阳台封边
阳台结构标高
主体结构标高
400，800，1200
上部纵向受力钢筋（见注1）
与①号筋搭接300mm
叠合板阳台现浇层
叠合板阳台预制层
外叶墙板
保温材料
内叶墙板
1-1
（叠合板式阳台与主体结构连接节点详图）
阳台栏杆埋件详图
注：1. 叠合板式阳台现浇层内配置的钢筋面积由设计人员计算确定。（钢筋排布方式如本页平面图中所示）。
2. 预制阳台板长度方向封边尺寸=阳台长度l-10mm-保温层厚度-外叶墙板厚度-20mm，做法详见本页连接示意图。
3. 预制阳台封边与主体结构预留缝防水、密封处理详建筑做法。
4. 栏杆安装完毕后，预埋件处预留槽应以水泥砂浆抹平。
叠合板式阳台节点详图
图集号　15G368-1
审核　冯星　校对　闵立　设计　李志豪
页　B14

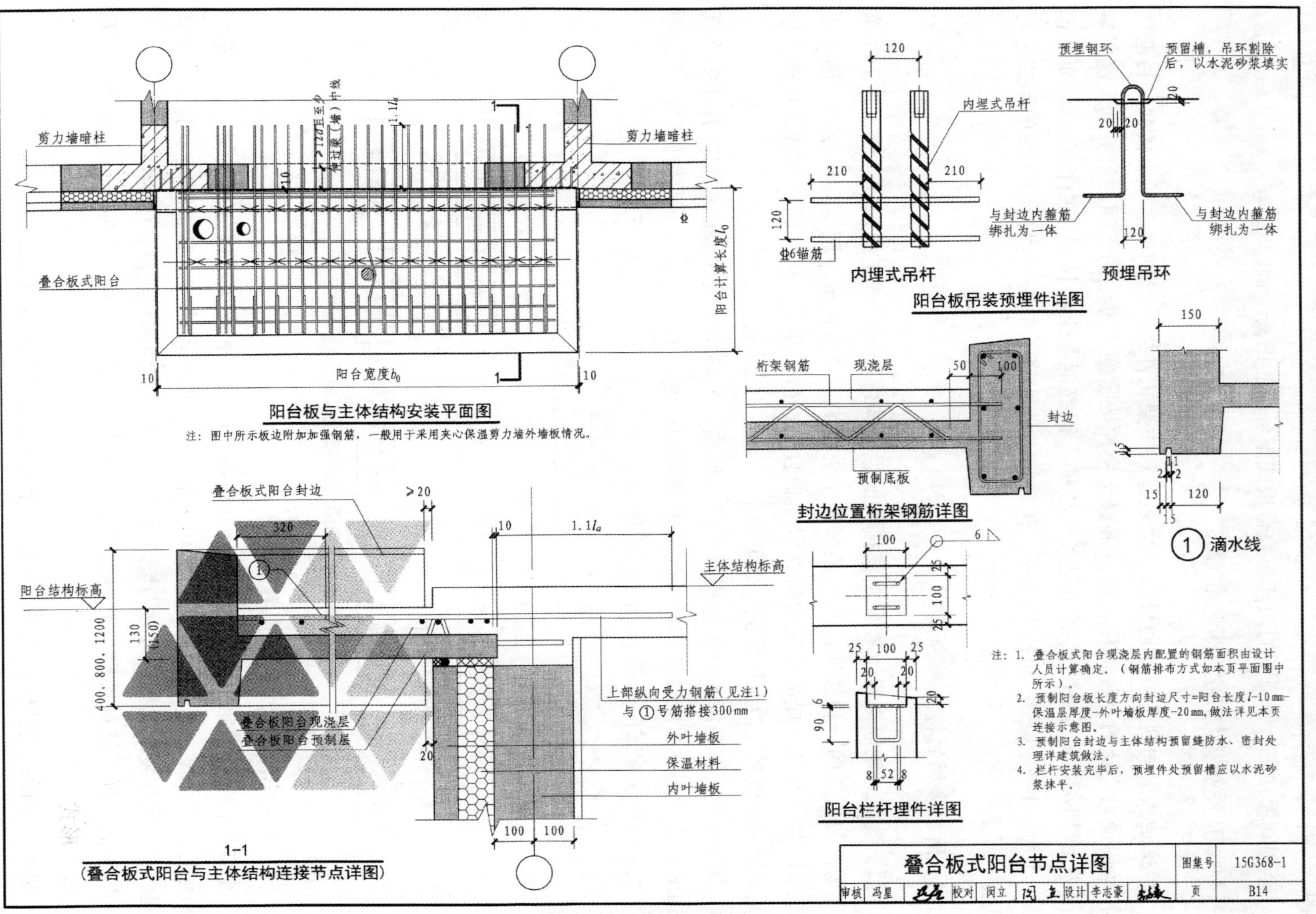

图 4-34　节点详图示例

全预制板式阳台施工图主要分为底板模板图、底板配筋图、底板钢筋表和节点详图。

全预制板式阳台施工图的识读与叠合板式阳台板的识读一致。

（八）预制楼梯施工图的识读

楼梯是楼层间的主要交通设施，也是建筑主要构件之一。钢筋混凝土楼梯是目前建筑物运用最为广泛的一种楼梯。钢筋混凝土楼梯按照施工方法的不同，可分为现浇式钢筋混凝土楼梯和预制装配式钢筋混凝土楼梯。钢筋混凝土楼梯通常由楼梯段（简称梯段）、平台、栏杆（板）和扶手组成，在建筑设计和施工中通常用楼梯详图的形式进行表达。

1. 预制楼梯的特点和分类

预制装配式钢筋混凝土楼梯是将楼梯的组成构件在工厂或工地现场预制，然后在施工现场拼装而成的一种楼梯。这种楼梯施工进度快，节省模板，现场湿作业少，施工不受季节限制，有利于提高施工质量。但预制装配式钢筋混凝土楼梯的整体性、抗震性能以及设计灵活性差，故应用受到一定限制。

预制装配式钢筋混凝土楼梯根据生产、运输、吊装和建筑体系的不同，有许多不同的构造形式。根据组成楼梯的构件尺寸及装配的程度，大致可分为小型构件装配式和中型、大型构件装配式两大类，如图 4-35 所示。

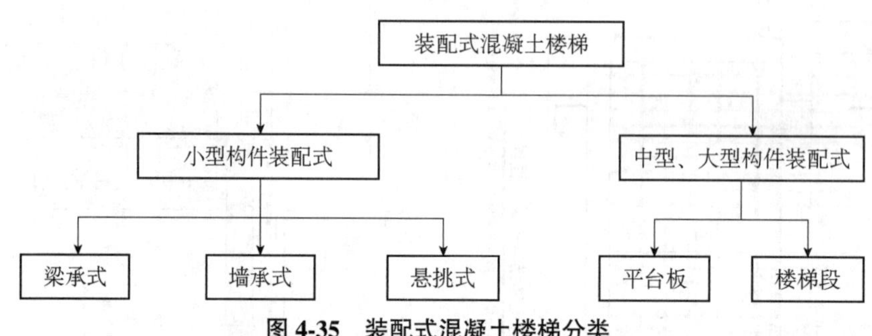

图 4-35　装配式混凝土楼梯分类

（1）小型构件装配式钢筋混凝土楼梯

小型构件装配式钢筋混凝土楼梯一般将楼梯的踏步和支承结构分开预制。预制踏步的断面形式多为“一”字形、“L”形和三角形。根据梯段的构造和预制踏步的支承方式不同，小型构件装配式楼梯可分为墙承式楼梯、梁承式楼梯和悬挑式楼梯。

墙承式楼梯：这种楼梯是把预制踏步搁置在两面墙上，而省去梯段上的斜梁的一种楼梯构造形式。

梁承式楼梯：这种楼梯是指梯段由平台梁支承的楼梯构造方式。

悬挑式楼梯：这种楼梯是指预制钢筋混凝土踏步板一端嵌固于楼梯间侧墙上，另一端凌空悬挑的楼梯形式。

（2）中型、大型构件装配式楼梯

中型构件装配式钢筋混凝土楼梯：这种楼梯是将楼梯分成梯段板、平台板、平台梁三类构件预制拼装而成。梯段按结构形式不同，有板式梯段和梁板式梯段。

大型构件装配式钢筋混凝土楼梯：这种楼梯是将梯段板和平台板预制成一个构件，梯段板可以连接一面平台，也可以连接两面平台。按结构形式不同，大型构件装配式钢筋混凝土楼梯分为板式楼梯和梁板式楼梯两种。

2. 预制钢筋混凝土楼梯施工图的识读

预制钢筋混凝土楼梯施工图主要有安装图、模板图、配筋图和节点详图，预制钢筋混凝土楼梯的安装图、模板图和配筋图所表达的重点各不相同，但都是从平面布置图、剖面图和节点详图3个角度表达。本节选用国家标准设计图集15G367—1中的预制钢筋混凝土板式楼梯（ST28—24）为识读范例。

（1）安装图的识读

由图4-36可知，预制钢筋混凝土板式楼梯安装图由平面布置图和1-1剖面图组成，表达的主要内容如下：

1）梯段板的平面位置、竖向位置和梯段编号。

2）楼梯间尺寸、标高，梯段板（包括踏步信息）尺寸及梯板厚度。

3）梯段板与梯梁连接节点索引。

4）相关注意事项。

（2）模板图的识读

由图4-37可知，预制钢筋混凝土板式楼梯模板图由平面图、底面图（梯板仰视）、1-1剖视图（横剖）、2-2剖视图（横剖）、3-3剖视图（纵剖）组成，表达的主要内容如下：

1）预制梯段板的平面、立面、剖面图及详细尺寸。

2）预埋件定位及索引号。

3）预留孔洞尺寸和定位。

4）相关注意事项。

（3）配筋图的识读

由图4-38可知，预制钢筋混凝土板式楼梯配筋图包括平面图、底面图（梯板仰视）、1-1剖视图（横剖）、2-2剖视图（横剖）、3-3剖视图（横剖）和钢筋表，表达的主要内容如下：

1）预制梯段板钢筋（包含加强筋）的编号、名称、规格、数量、形状、尺寸、重量等信息。

2）预制梯段板钢筋（包含加强筋）的排布信息。

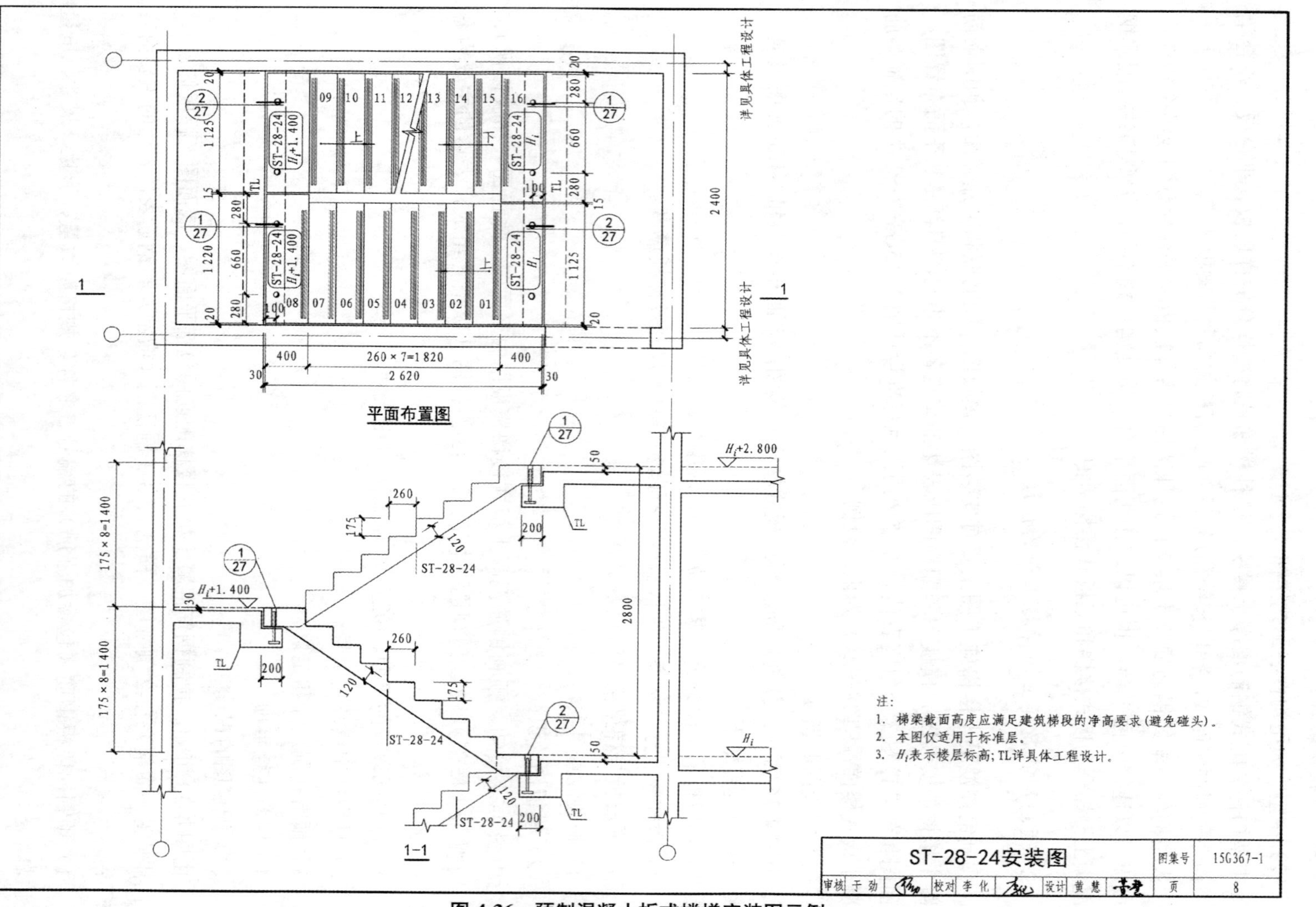

图 4-36 预制混凝土板式楼梯安装图示例

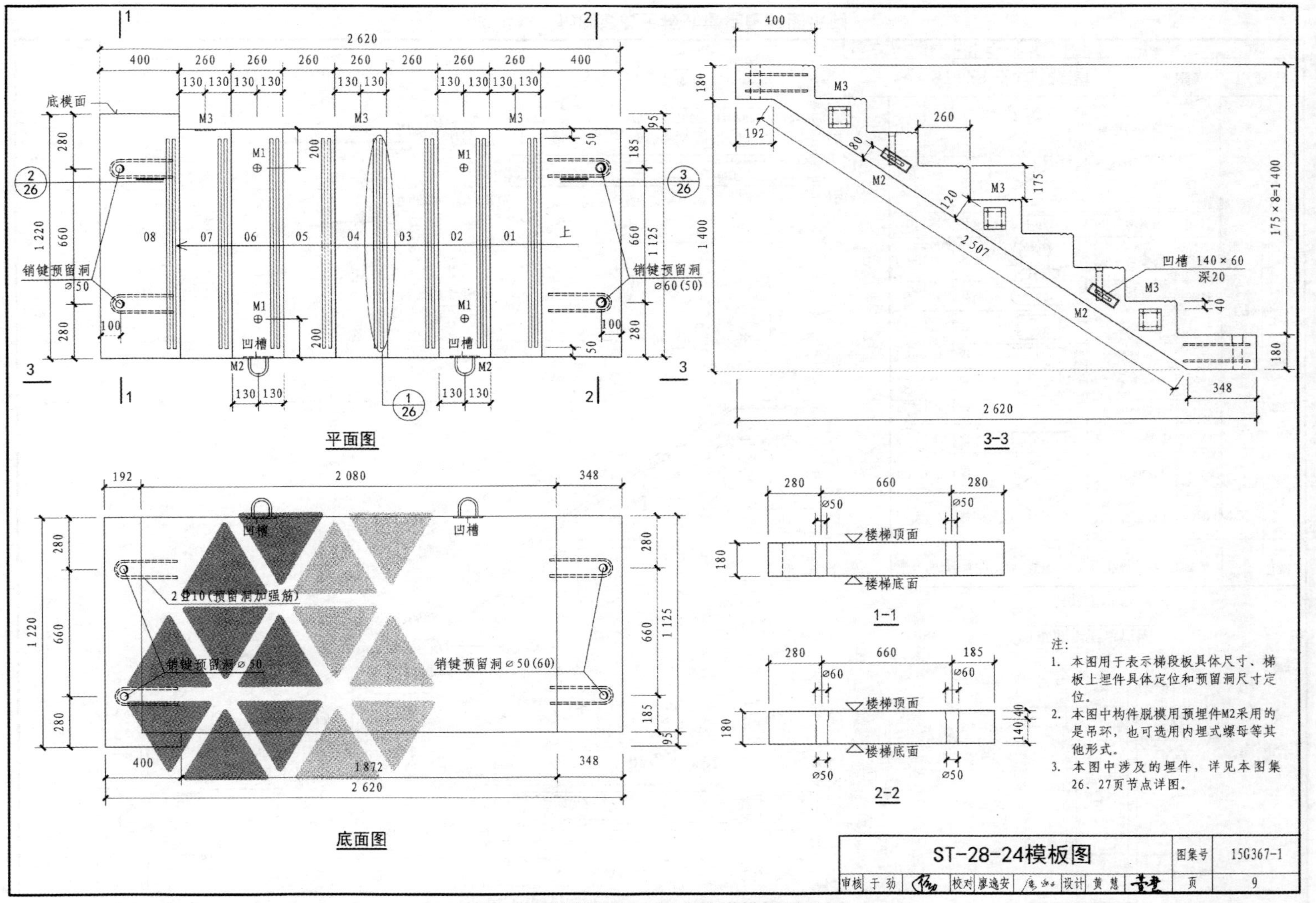

图 4-37　预制混凝土板式楼梯模板图示例

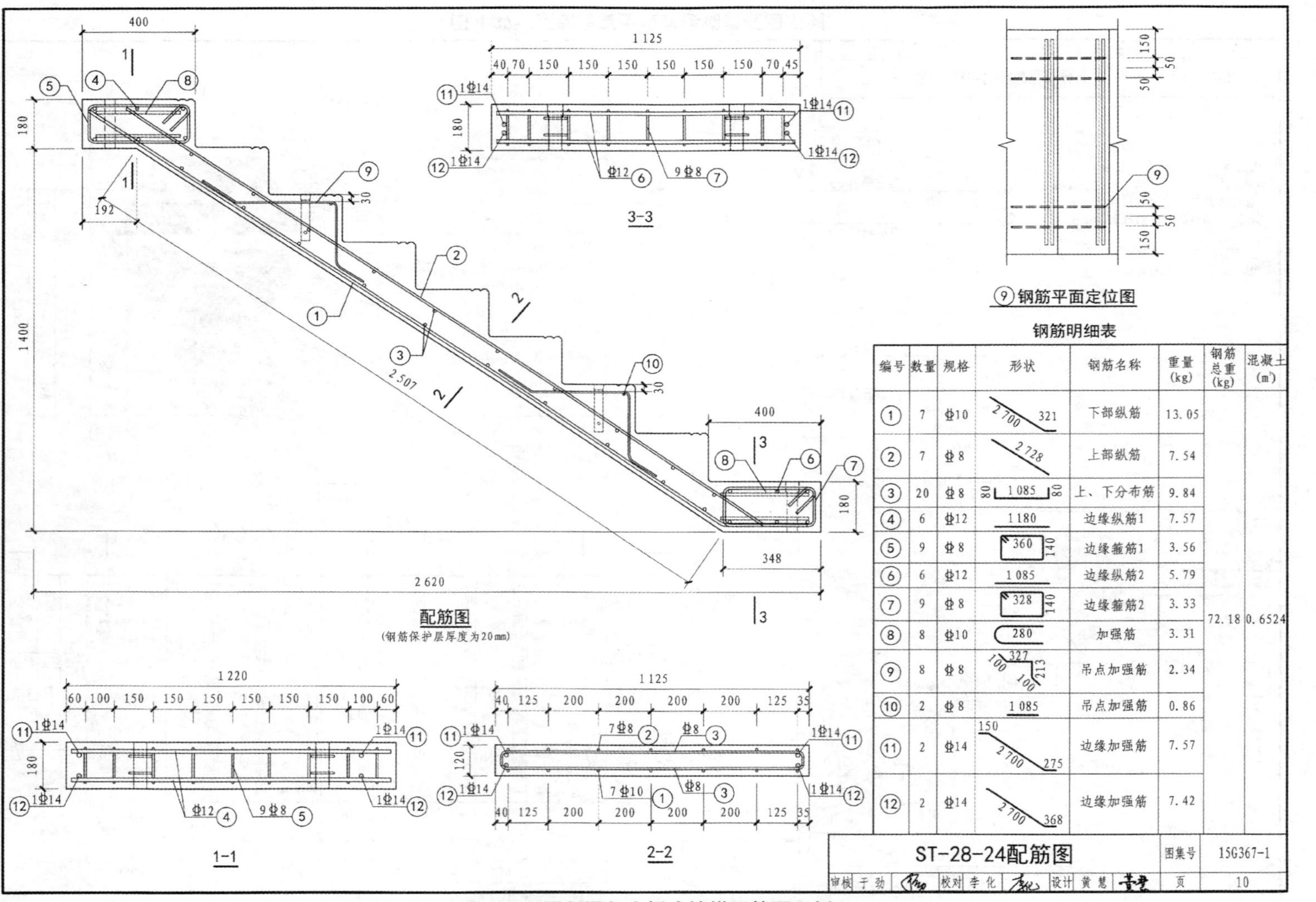

钢筋明细表

编号	数量	规格	形状	钢筋名称	重量(kg)	钢筋总重(kg)	混凝土(m³)
①	7	Φ10	2 700 321	下部纵筋	13.05	72.18	0.6524
②	7	Φ8	2 728	上部纵筋	7.54		
③	20	Φ8	80 1 085 80	上、下分布筋	9.84		
④	6	Φ12	1 180	边缘纵筋1	7.57		
⑤	9	Φ8	360 140	边缘箍筋1	3.56		
⑥	6	Φ12	1 085	边缘纵筋2	5.79		
⑦	9	Φ8	328 140	边缘箍筋2	3.33		
⑧	8	Φ10	280	加强筋	3.31		
⑨	8	Φ8	100 327 213 100	吊点加强筋	2.34		
⑩	2	Φ8	1 085	吊点加强筋	0.86		
⑪	2	Φ14	150 2 700 275	边缘加强筋	7.57		
⑫	2	Φ14	2 700 368	边缘加强筋	7.42		

图 4-38 预制混凝土板式楼梯配筋图示例

（九）钢筋加工配料图中钢筋的表示方法

1. 普通钢筋的一般表示方法

普通钢筋的一般表示方法见表 4-21。

表 4-21　普通钢筋

序号	名称	图例	说明
1	钢筋横断面	•	—
2	无弯钩的钢筋端部	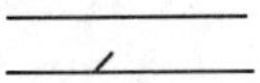	表示长、短钢筋投影重叠时，短钢筋的端部用 45°斜画线表示
3	带半圆形弯钩的钢筋端部		—
4	带直钩的钢筋端部		—
5	带丝扣的钢筋端部		—
6	无弯钩的钢筋搭接		—
7	带半圆弯钩的钢筋搭接		—
8	带直钩的钢筋搭接		—
9	花篮螺丝钢筋接头	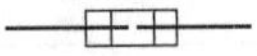	—
10	机械连接的钢筋接头	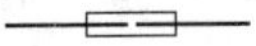	用文字说明机械连接的方式（或冷挤压或锥螺纹等）

2. 预应力钢筋的表示方法

预应力钢筋的表示方法见表 4-22。

表 4-22　预应力钢筋

序号	名称	图例
1	预应力钢筋或钢绞线	
2	后张法预应力钢筋断面 无黏结预应力钢筋断面	
3	预应力钢筋断面	+
4	张拉端锚具	
5	固定端锚具	
6	锚具的端视图	
7	可动连接件	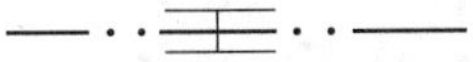
8	固定连接件	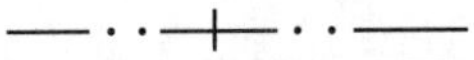

3. 钢筋网片的表示方法

钢筋网片的表示方法见表 4-23。

表 4-23 钢筋网片

序号	名称	图例
1	一片钢筋网平面图	W-1
2	一行相同的钢筋网平面图	3W-1

注：用文字注明焊接网或绑扎网片。

4. 钢筋焊接接头的表示方法

钢筋焊接接头的表示方法见表 4-24。

表 4-24 钢筋的焊接接头

序号	名称	接头型式	标注方法
1	单面焊接的钢筋接头		
2	双面焊接的钢筋接头		
3	用帮条单面焊接的钢筋接头		
4	用帮条双面焊接的钢筋接头		
5	接触对焊的钢筋接头（闪光焊、压力焊）		
6	坡口平焊的钢筋接头	60° b	60° b
7	坡口立焊的钢筋接头	b 45°	45° b
8	用角钢或扁钢做连接板焊接的钢筋接头		
9	钢筋或螺（锚）栓与钢板穿孔塞焊的接头		

5. 钢筋的画法

钢筋的画法见表 4-25。

表 4-25 钢筋画法

序号	说明	图例
1	在结构楼板中配置双层钢筋时，底层钢筋的弯钩应向上或向左，顶层钢筋的弯钩则向下或向右	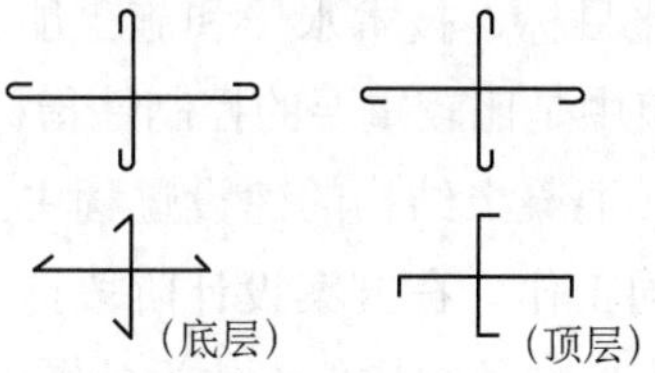 （底层） （顶层）
2	钢筋在混凝土墙体配双层钢筋时，在配筋立面图中，远面钢筋的弯钩应向上或向左，而近面钢筋的弯钩向下或向右（JM 近面，YM 远面）	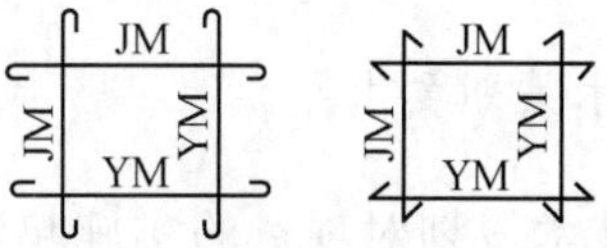 JM YM JM YM JM YM JM YM
3	若在断面图中不能表达清楚的钢筋布置，应在断面图外增加钢筋大样图（如钢筋混凝土墙、楼梯等）	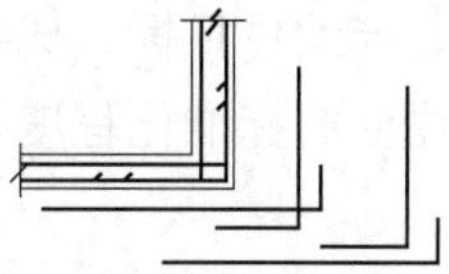
4	图中所表示的箍筋、环筋等若布置复杂时，可加画钢筋大样及说明	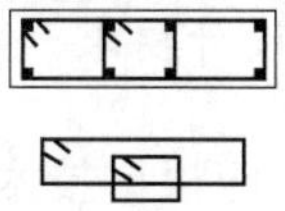
5	每组相同的钢筋、箍筋或环筋，可用一根粗实线表示，同时用一两端带斜短画线的横穿细线，表示其钢筋及起止范围	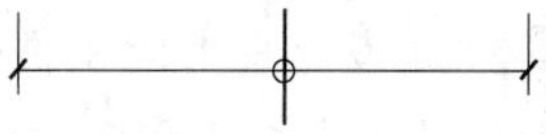

第二节 施工图深化设计

预制构件加工图设计流程：前期技术策划→建筑施工图设计→预制构件深化设计→预制构件模板图→预制构件配筋图→预制构件预埋预留图（水、电、预埋件、门窗预埋预留）→预制构件综合加工图→模具设计图。

本节对前期技术策划、建筑施工图设计和预制构件深化设计及预埋件设计做简单介绍。

（一）前期技术策划

1. 总体要求

装配式混凝土结构的建筑应在满足建筑使用功能的前提下，实现功能单元的标准化设计，以提高构件与部品的重复使用率，有利于降低造价。在项目前期策划中，应根据建筑产业化目标、技术水平和施工能力以及经济性等要求确定适宜的预制率。预制率在装配式建筑中是比较重要的控制性指标。

装配式混凝土结构的建设过程中，需要建设、设计、生产、施工和监理等单位精心配合、协同工作。在方案设计阶段前，应增加前期技术策划阶段。为配合预制构件的生产加工，应增加预制构件深化设计图纸的设计内容。

2. 技术策划要求

前期技术策划对项目的实施起到了十分重要的作用，设计单位应充分了解项目定位、建设规模、产业化目标、成本限额、外部条件等影响因素，制定合理的建筑设计方案，提高预制构件的标准化程度，并与建设单位共同确定技术实施方案，为后续的设计工作提供依据。

3. 建筑方案设计要求

建筑方案设计应根据技术策划要点，做好平面设计和立面设计。平面设计在保证满足使用功能的基础上，遵循“少规格、多组合”的设计原则，实现功能单元设计的标准化与系列化；立面设计宜考虑构件生产加工的可能性，根据装配式混凝土结构的建造特点，实现立面设计的个性化和多样化。

4. 深化设计要求

装配式混凝土结构的深化设计是生产前重要的准备工作之一，由于工作量大、图纸多、涉及的专业多，一般由建筑设计单位或专业的第三方单位进行预制构件深化设计。

建筑专业应按照建筑结构特点和预制构件生产工艺的要求，将建筑物拆分为独立的构件单元，如图 4-39 和图 4-40 所示。根据工程需要，充分考虑预制构件的重量和尺寸，综合考虑项目所在地构件的加工能力及运输、吊装等条件，为构件加工图设计提供预制构件尺寸控制图。

建筑设计可采用 BIM（Building Information Model，建筑信息模型）技术，协同完成各专业的设计内容，提高设计精度。

预制构件的设计应遵循标准化、模数化原则，尽量减少构件类型，提高构件标准化程度、降低工程造价。对于开洞多、异形、降板等复杂部位，可进行详细设计。

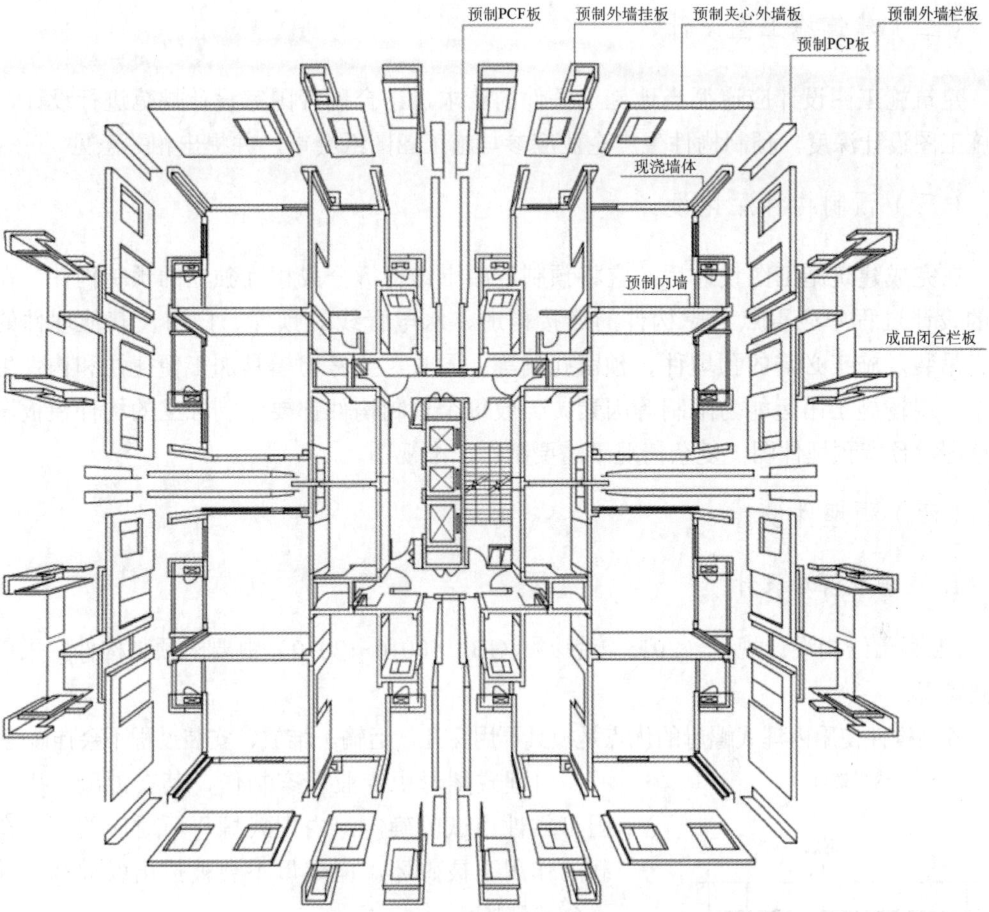

预制PCF板
预制外墙挂板
预制夹心外墙板
预制外墙栏板
预制PCP板
现浇墙体
预制内墙
成品闭合栏板

图 4-39　预制构件组合分析（一）

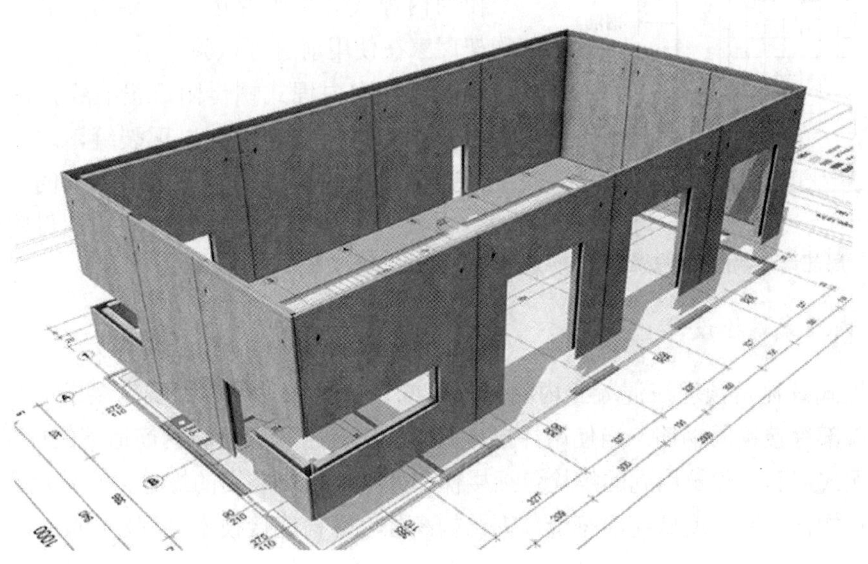

图 4-40　预制构件组合分析（二）

（二）建筑施工图设计

建筑施工图设计应遵循当地施工条件的要求，结合现行国家设计规范进行设计，达到施工图设计深度。预制构件生产企业应参与施工图图纸会审，并提出相关意见。

（三）预制构件深化设计

在完成建筑施工图设计后，宜将预制混凝土结构拆分成相互独立的预制构件，在之后的设计过程中应重点考虑构件的连接构造、水电管线的预埋、门窗及其他埋件的预埋、吊装及施工必需的预埋件、预留孔洞等。同时，要考虑模具加工便捷性和构件生产效率、现场施工吊运能力限制等因素。一般每个预制构件都要绘制独立的构件模板图、配筋图、预留预埋件图，复杂情况下需要制作三维视图。

（四）预埋件设计

1. 内埋式螺母设计

《混凝土结构设计规范（2015 年版）》（GB　50010—2010）中要求预制构件宜采用内埋式螺母。

预制构件使用内埋式螺母的优点是模具不用穿孔，运输、堆放、安装过程不会挂碰等。

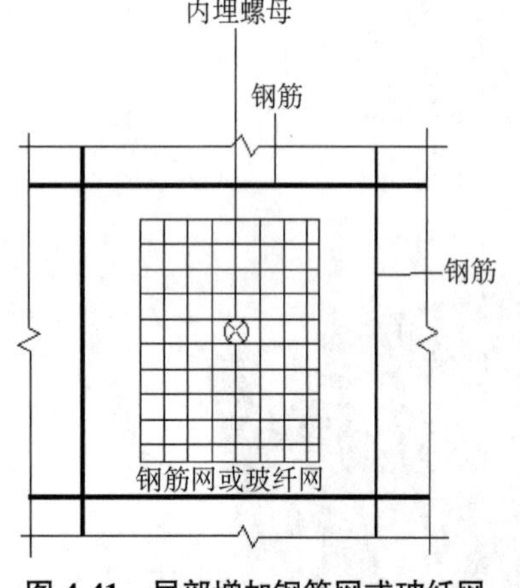

图 4-41　局部增加钢筋网或玻纤网

内埋式螺母由专业厂家制作，其在混凝土中的锚固可靠性由试验确定：内埋式螺母所对应的螺栓在荷载的作用下被破坏，但螺母不会被拔出或周围混凝土不会被破坏。

使用内埋式螺母时要选择可靠的产品，并要求预制构架厂家在使用前进行试验。

预制构件中内埋式螺母附近没有钢筋时，构件脱模后混凝土有可能在螺母处出现裂缝，这是因混凝土收缩或温度变化较快，在螺母附近形成的应力集中造成的，为预防这种情况发生，内埋式螺母附近可增加钢筋网或玻纤网，如图 4-41 所示。

2. 内埋式螺栓设计

内埋式螺栓是预埋在混凝土内的螺栓，或直接埋设满足锚固长度要求的长螺栓，或在螺栓端部焊接锚固钢筋。当使用焊接方式时，应选用与螺栓和钢筋适配的焊条。

装配式混凝土建筑用到的螺栓包括楼梯和外挂墙板安装用的螺栓，宜选用高强度螺栓或不锈钢螺栓，高强度螺栓应符合《钢结构高强度螺栓连接技术规程》（JGJ　82—2011）的要求。

内埋式螺杆的锚固长度，受剪和受压螺杆的锚固长度不应小于 15d（d 为锚筋的直径），受拉和受折螺栓的锚固长度应不小于 3d（d 为锚筋的直径）和 45 mm。

第三节　预埋件

一、预埋件分类

预埋件是在混凝土或钢筋混凝土构件浇捣前埋设的金属零件，如锚栓、预埋钢板、插筋、吊钩等，主要用来连接相邻的构件或固定某种设备。

常用预埋件按用途可分为以下几种：

1. 结构连接件

连接构件与构件（钢筋与钢筋），或起到锚固作用的预埋件。

2. 支模吊装件

便于现场支模、支撑、吊装的预埋件。

3. 水电暖通等功能件

通水、通电、通气或连接外部互动部件的预埋件。

4. 其他功能件

其他功能件包括利于防水、防雷、定位、安装等的预埋件。

二、常用预埋件

（一）常用结构连接件

1. 灌浆套筒

装配式混凝土建筑结构中连接构件使用的钢筋连接套筒一般分为全灌浆连接套筒、半灌浆连接套筒和异型套筒，全灌浆连接套筒上下两端均插入钢筋灌浆连接；半灌浆套筒一端为直螺纹套丝连接，一端为插入钢筋灌浆连接。半灌浆连接套筒如图 4-42 所示，全灌浆连接套筒如图 4-43 所示。

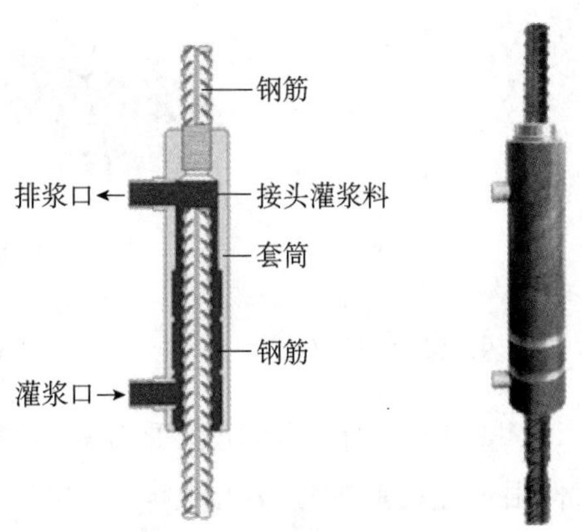

图 4-42　半灌浆连接套筒

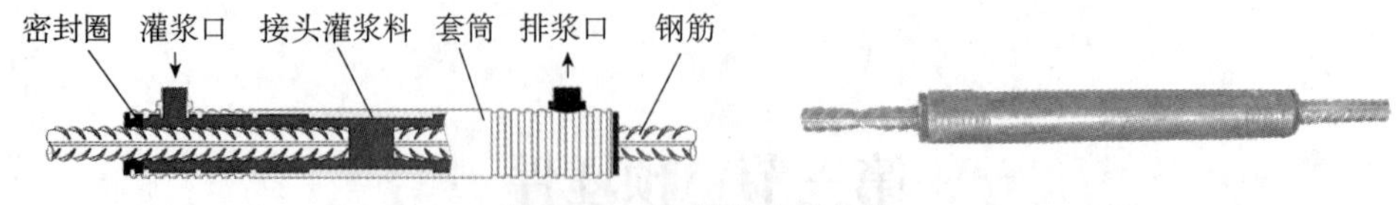

图 4-43 全灌浆连接套筒

2. 钢筋锚固板

钢筋锚固板是设置于钢筋端部用于锚固钢筋的承压板，锚固板与钢筋通过直螺纹相连。锚固板可与钢筋正向连接，也可与钢筋反向连接，如图 4-44 所示。锚固板应符合《钢筋锚固板应用技术规程》（JGJ 256—2011）的相关规定。

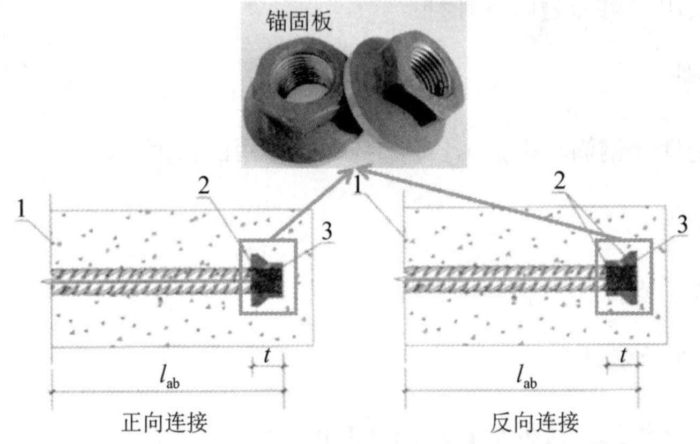

1—锚固区钢筋应力最大处截面； 2—锚固板承压面；3—锚固板端面。

图 4-44 钢筋锚固板连接示意

3. 钢筋直螺纹套筒

钢筋直螺纹套筒是用于传递钢筋轴向拉力或压力的钢套筒。施工中，将钢筋端头直接滚轧或剥肋后滚轧的直螺纹与套筒螺纹咬合，使钢筋与套筒形成整体，如图 4-45 所示。钢筋直螺纹套筒应符合《钢筋机械连接技术规程》（JGJ 107—2016）的相关规定。

图 4-45 钢筋直螺纹连接

4. 金属波纹管

金属波纹管可以用在受力构件的浆锚搭接连接上，也可以当作非受力填充墙预制构件限位连接筋的预成孔模具（不能脱出）。金属波纹管用于浆锚搭接连接时，预埋于预制构件中，形成浆锚孔内壁（图 4-46）。直径大于 20 mm 的钢筋连接不宜采用金属波纹管浆锚搭接连接，直接承受动力荷载的构件纵向钢筋连接也不宜用金属波纹管浆锚搭接连接。

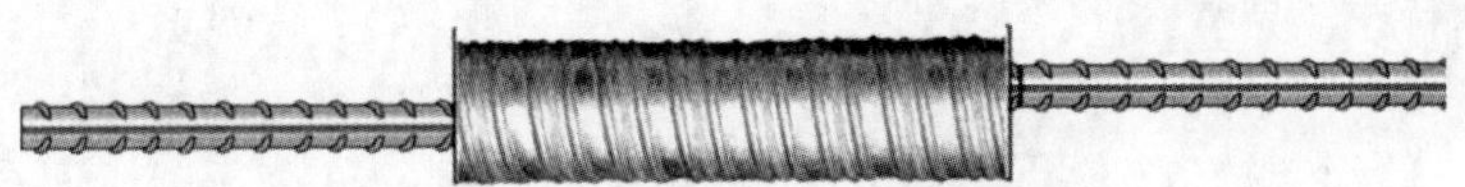

图 4-46　金属波纹管用于浆锚搭接连接

5. 内外叶墙体拉结件

内外叶墙体拉结件是用于连接预制保温墙体内、外层混凝土墙板、传递墙板剪力、使内外层墙板形成整体的连接器。拉结件宜选用纤维增强复合材料或不锈钢薄钢板加工制成，供应商应提供明确的材料性能和连接性能等技术标准要求。当有可靠依据时，也可以采用其他类型连接件。常用的拉结件如图 4-47～图 4-50 所示。

图 4-47　外墙保温拉结件连接

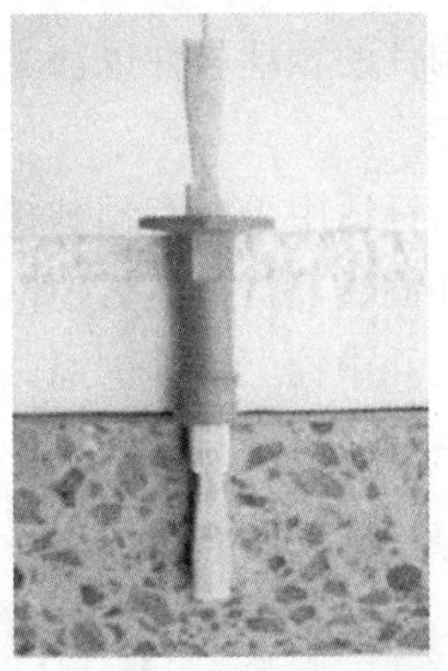

图 4-48　外墙保温拉结件

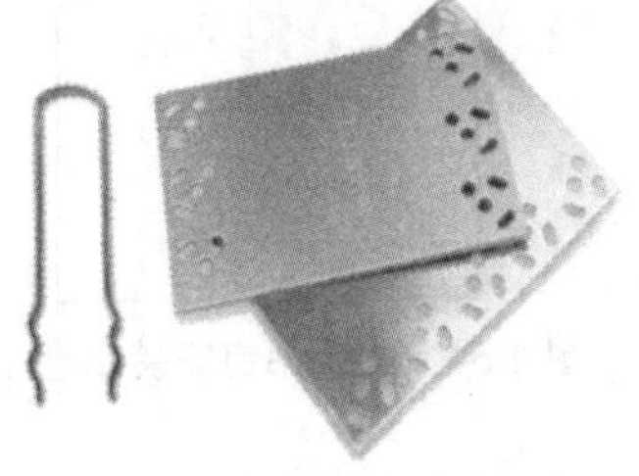

图 4-49　不锈钢拉结件

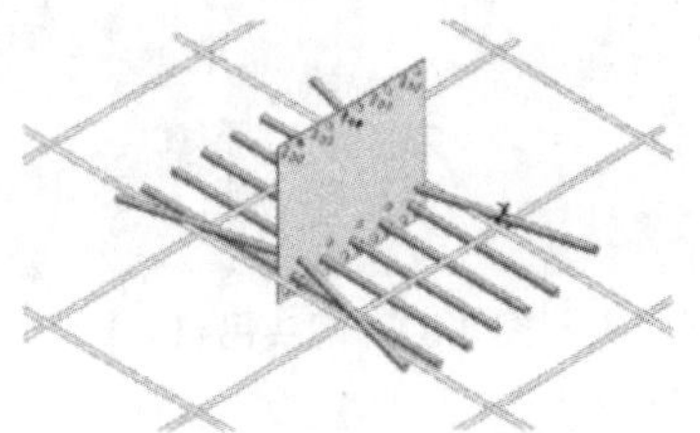

图 4-50　不锈钢拉结件埋设示意

（二）常用支撑、吊装件

1. 临时支撑预埋件

常用的临时支撑预埋件是螺栓套筒（图 4-51），将螺栓套筒预埋在预制构件中，构件安装时用于连接支撑杆件，从而稳固构件，如图 4-52 所示。

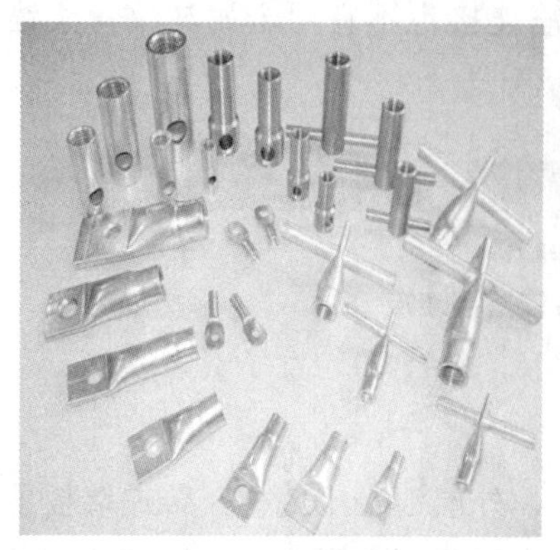
图 4-51 螺栓套筒

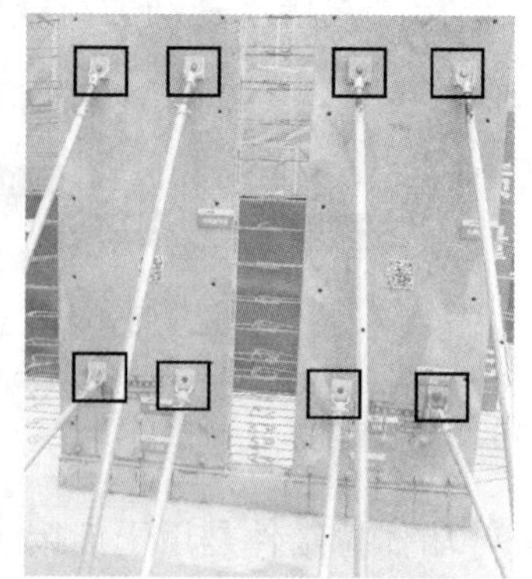
图 4-52 临时支撑连接示意

2. 预埋吊钉

预制构件的预埋吊件以前主要为吊环，现在多采用吊钉，包括圆头吊钉、套筒吊钉和平板吊钉。

圆头吊钉适用于所有预制构件的起吊，例如，墙体、柱子、横梁、水泥管道，其特点是无须加固钢筋，拆装方便，性能卓越，操作简便。此外，还有一种带眼圆头吊钉，在其尾部的孔中栓上锚固钢筋，可以增强圆头吊钉在预制混凝土中的锚固力，如图 4-53 所示。圆头吊钉的安装如图 4-54 所示。

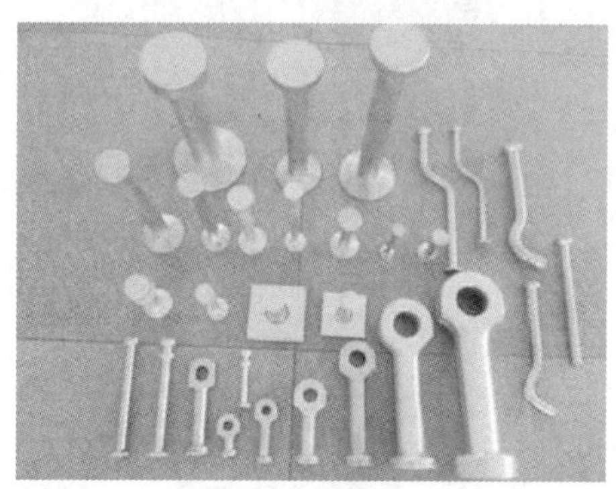
图 4-53 圆头吊钉

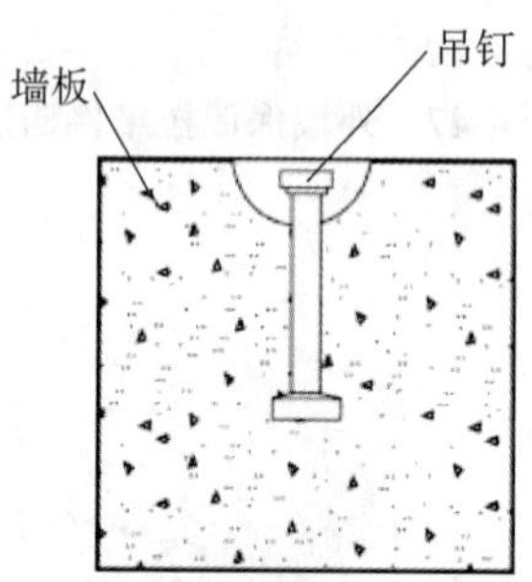

图 4-54 圆头吊钉安装示意

套筒吊钉（图 4-55）适用于所有预制构件的起吊，其优点是预制构件表面平整；缺点是采用螺纹接驳器时，需要将接驳器的丝杆完全拧入套筒中，如果接驳器的丝杆没有拧到位时或接驳器的丝杆受到损伤时可能降低其起吊能力，因此，大型构件中使用套筒吊钉较少。套筒吊钉使用如图 4-56 所示。

平板吊钉（图 4-57）适用于所有预制构件的起吊，尤其适合墙板类薄型构件，平板吊钉种类繁多，选用时应根据厂家的产品手册和指南选用。平板吊钉的优点是起吊方式简单，安全可靠，运用越来越广泛。其使用如图 4-58 所示。

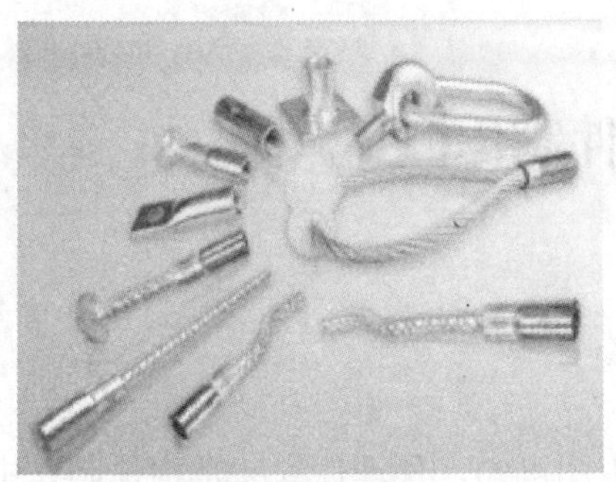
图 4-55　套筒吊钉

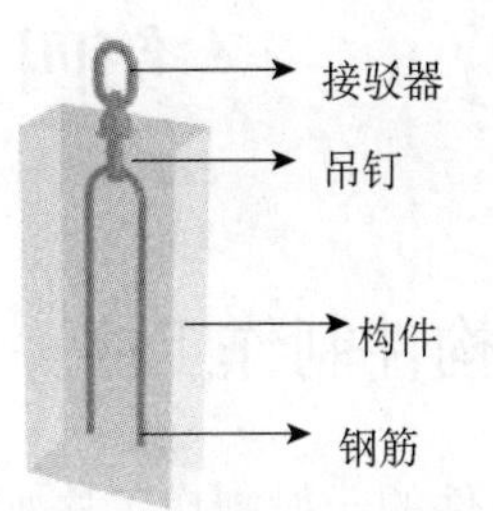

图 4-56　套筒吊钉使用示意

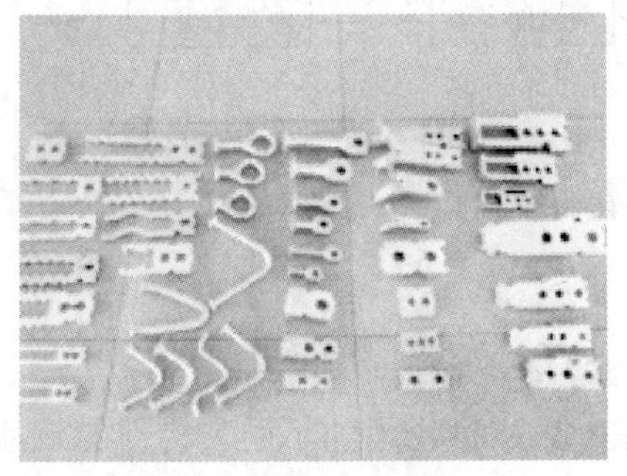
图 4-57　平板吊钉

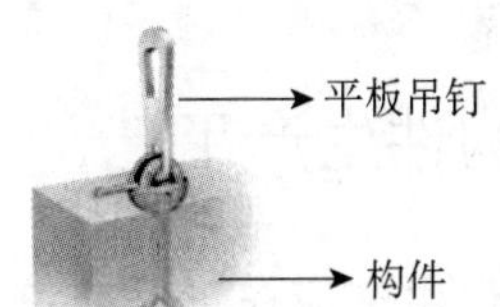

图 4-58　平板吊钉使用示意

（三）预埋线管

预埋线管（图 4-59）是指在预制构件中预先留设的管道、线盒（图 4-60）。预埋线管是用来穿管或留洞口为设备服务的通道，例如，在建筑设备安装时各种管线穿过的通道（如强弱电、给水、煤气等）。预埋管线通常为钢管、铸铁管或 PVC 管。

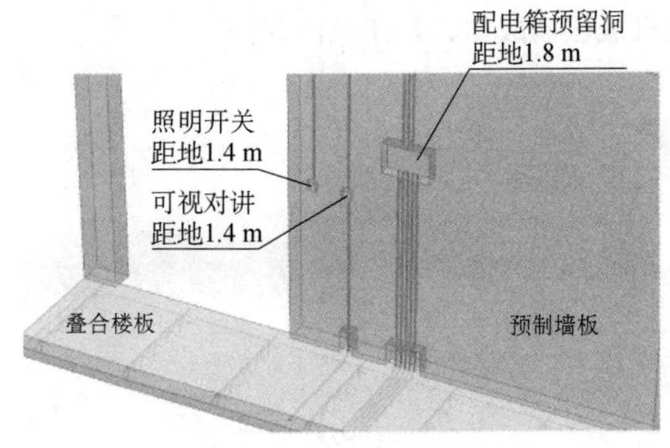

图 4-59　预埋线管示意

图 4-60　墙体的预埋线盒

第四节　预制构件制作概述

一、构件制作工序

预制构件的一般制作工序如图 4-61 所示，由图可知，预埋件安装是构件制作中不可或缺的一部分。预埋件安装质量是预制构件能否发挥其全部使用功能的关键因素之一。

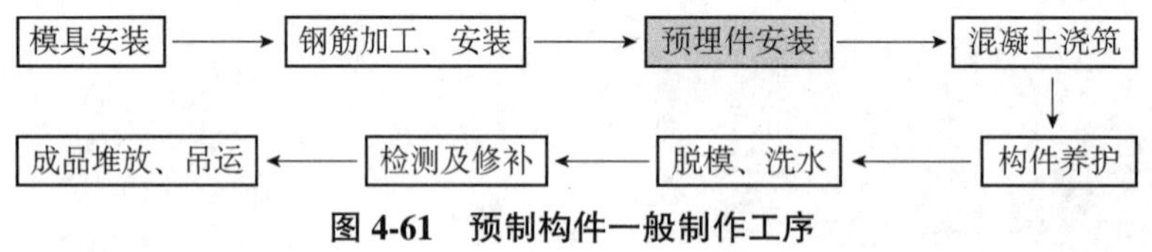

图 4-61　预制构件一般制作工序

二、构件生产工艺

预制构件生产应在工厂或符合条件的现场进行。根据场地的不同、构件的尺寸、实际需要等情况，分别采取流动模台法或固定模台法预制生产。构件生产企业应依据构件制作图进行预制构件的制作，配置符合相关行业技术标准要求的生产设备，并应根据预制构件型号、形状、重量等特点制定相应的工艺流程，明确质量要求和生产各阶段质量控制要点，编制完整的构件制作计划书，对预制构件生产全过程进行质量管理和计划管理。

（1）固定模台工艺

固定模台工艺（图 4-62）的主要特点是模板固定不动，在一个位置上完成构件成型的各道工序。使用此工艺时，一般采用人工或机械振捣成型、封闭蒸汽养护。

图 4-62　固定模台

（2）自动流水线工艺

生产线一般建在厂房内，适合生产板类构件，如楼板、内外墙板等。在生产线上，按工艺要求依次设置若干操作工位，模板在生产线行走过程中完成各道工序，然后将已成型的构件连同模台送进养护窑。这种工艺机械化程度较高，生产效率高，可循环作业，便于实现自动化生产。流动模台如图 4-63 所示。

图 4-63　流动模台

第五节　生产设备、工具

预制构件的生产设备主要包括模台、清扫喷涂机、画线机、送料机、布料机、振捣刮平机、拉毛机、预养护窑、立体养护窑等。本节主要对预埋工常用的画线机进行介绍。

一、自动画线机

自动画线机主要用于模台实现全自动画线，采用数控系统，具备 CAD 图形编程功能和线宽补偿功能，配备 USB 接口；按照设计图纸进行模板安装位置及预埋件安装位置定位画线，5 分钟内即可完成一个平台画线。

1. 设备组成

数控画线机主要由机械部分、控制系统、伺服系统、画线系统组成。

1）机械部分主要包括走行支架、横梁、主副端梁、精密导轨、控制面板。

2）控制系统包括数控系统，1 套电器配套设备、控制面板。

3）伺服系统由 X 轴电机、Y 轴电机、伺服变压器等组成。

4）画线系统由画线车、画线支架、画笔、笔墨系统组成。

2. 功能介绍

数控画线机为桥式结构，采用双边伺服驱动，运行稳定，工作效率高。带自动喷枪装置，自动调高感应装置及人机操作界面，适用于各种规格的通用模型叠合板、墙板底模的画线。可根据实际要求处理复杂图形，定位系统保证图形的准确。自动编程软件操作简便，可控性强，具有数据连接口。

1）采用波形或梯形加减速、速度前瞻、微线段插补等技术，可实现任意三维空间曲线的高速连续运动，脉冲频率可达 5 MHz；

2）高精度定序控制，重复定序精度可达±0.5 个脉冲；

3）支持陈列展开、图形化浏览、旋转、三维椭圆、常用图形库插入、群组编辑等功能；

4）全面的点胶工艺解决方案，包括提前关胶、滞后开胶、斜拉上抬、运动中变速、封闭图形圈数设置等功能；

5）强大的 PC 兼容性，配合 StarCAM 软件，可以导入主流设计软件（如精雕、AutoCAD 等）生成各种文件格式（如 TXT/CNC/AI/DXF/JPG/BMP/扫描仪等），以及实现与 PC 联机调试等功能，实现了图形化的所见所得编程方式。

3. 操作规程

（1）作业前的检查工作

1）运行前检查和确认电源合闸。

2）确认端子间或各暴露的带电部位没有短路或对地短路情况。

3）投入电源前使所有开关都处于断开状态，保证投入电源时设备不会启动和不发生异常动作。

4）运行前请确认机械设备正常且不会造成人身伤害，操作人员应提出警示，防止人身和设备伤害。

（2）作业中的安全操作

1）工作流程：模台运行至画线机工位后调入所需的画线程序并启动画线作业，待画线完毕后，画线机回归零点，完成一次工作循环。

2）机床开动后操作人员身体和四肢禁止接触机器运动部位，以免发生伤害，维护保养设备时应断电停车进行。

3）机器运行中，操作工应坚守岗位，随时注意机器运行状况，如遇紧急情况应立即处理，保证安全运行。在完成一件工作后，操作者需要暂时离开设备时，应将主电机停止按钮按下，同时也应将主电源开关关闭。

4）下班前，应该将喷笔冲洗 1 次，持续时间不少于 1 分钟。

5）关机前，应将系统退回操作主菜单，将喷笔上升到最高位置，各个控制开关应复位。下班时，先关闭系统电源，再关总电源，关闭气源、水源，检查各控制手柄是否在关闭位置，确认无误后方可离开。

（3）设备的维护及保养

1）应及时清理设备，喷笔长时间不使用时，定期清洗，防止堵塞。

2）定期对各润滑点进行润滑，保证润滑良好。

3）每三个月检查伺服电机弹性夹紧机构是否可靠，调整弹簧压紧螺栓的位置，确保压力适当。

4）定期检查电气控制系统连接接线，保证无松动脱落。

5）在没有作业任务时，数控画线机也要定期通电，最好是每周通电 1～2 次，每次空运行 1 小时左右。图 4-64 为自动画线机工厂图。

图 4-64 自动画线机

二、工具

预埋工常用的工具有磁性固定器、剪管刀、弯管器。

（一）磁性固定器

磁性固定器一般用于预埋件和线盒的固定，现场通常称为磁座或磁盒。预制场常用带丝牙的磁性固定器来进行预埋螺母等的固定和安装，磁性固定器底部带有磁性，可与钢模板连接，上端带有丝牙，与预埋螺母丝接连接，如图 4-65 所示。

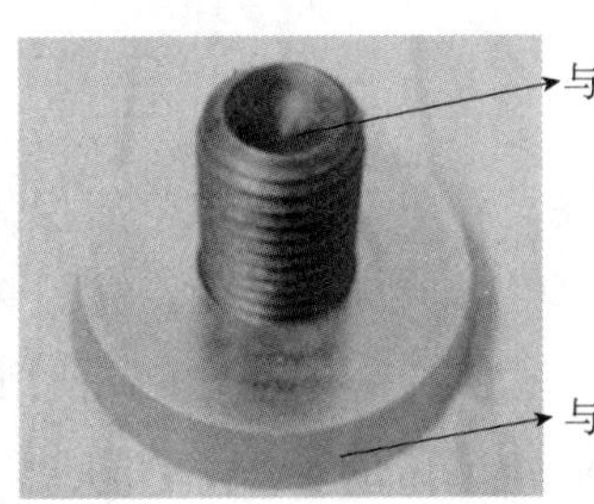

图 4-65 磁性固定器

图 4-66　剪管刀

（二）剪管刀

剪管刀（图 4-66）主要用来对预埋管线进行切割。现场使用剪管刀可使管线端部平整，利于对接的同时，提高作业效率。

（三）弯管器

弯管器主要是将 PVC 线管弯折到指定角度的弯管工具，其型号和类别众多，现场常用弹簧类弯管器采用冷弯法进行弯管，即采用一根弹簧（图 4-67），穿入塑料管内，然后弯折塑料管，当塑料管弯折到指定角度时将弹簧拉出即可，管径 20 mm 及以下可直接采用此方法。当管径较大时、壁厚较厚时，需对管材弯折部位进行加热处理。线管弯折如图 4-68 所示。

图 4-67　弯管弹簧

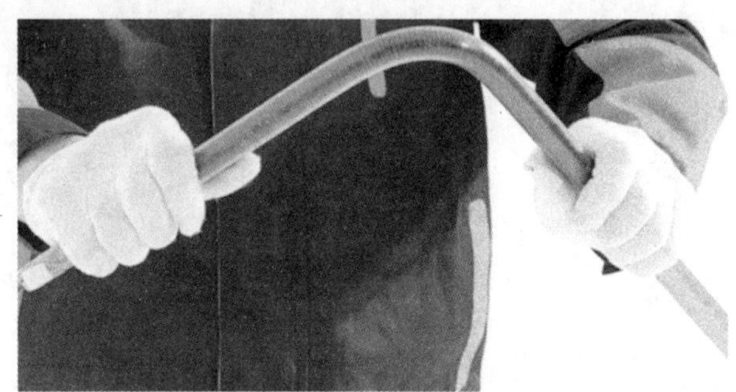

图 4-68　线管弯折

第六节　生产组织管理

一、质量管理

（一）各方职责

建设单位对工程质量负有首要责任，并应保证本单位质保体系正常有效运转，根据装配式结构的施工特点及难点择优选择监理、施工单位。建设单位应严格执行设计变更管理制度，对工程中发生的重大变更（涉及结构安全、主要使用功能），应按照相关规定重新报施工图审查中心进行审查并向监督机构报备。建设单位应加强对装配式原材料的质量管理工作，要求监理单位对预制构件厂家生产环节进行监理，组织各参建单位对预制构件的首件进行验收，验收合格后方可批量生产。

设计单位应当按照相关装配式建筑设计文件编制要求及深度规定进行设计，并保证设计文件的深度和完整性；同时，加强对施工现场的交底和相关服务工作，对施工过程中可能存在的质量风险作出提示。

施工单位应对装配式工程施工质量进行定期和专项质量检查，并做好检查记录；依据相关规定要求结合工程实际，编制装配式结构施工质量专项方案，经建设单位组织专家论证后方可施工。

监理单位应严格审查施工单位编制的装配式专项施工方案，并根据专项方案编制具有可操作性的监理规划和实施细则进行监理工作，重点加强对装配式施工过程的监理；对现场发现的质量问题，应当予以书面制止并督促闭环处理。

预制构件生产单位应严格按照图审合格的设计文件进行生产，加强预制构件生产过程中的质量控制，并且应对检验合格的预制构件进行标识，标识可以采用芯片或二维码，建立构件信息管理系统，确保构件信息的可靠性和可追溯性。对出厂的构件应提供完整的质量证明文件。

（二）生产过程

科学合理的生产工艺是生产优质产品的决定因素，标准的预制建筑工厂化生产，要求有科学合理的生产组织设计，以此来指导生产过程的经济化管理。

在生产实施前期，根据建设单位提供的深化设计图纸、产品供应计划等，组织技术人员对项目的生产工艺、生产方案及堆放场地、运输方式、生产进度计划、物资采购计划、模具设计及进场计划和人员需求计划等内容进行策划，同时根据项目特点编制相关具体保证措施，保证项目实施阶段顺利进行。

1. 生产准备

在施工开始前由项目工程师召集各相关岗位人员汇总、讨论图纸问题，设计交底时，切实解决疑难和有效落实现场遇到的图纸施工矛盾，切实加强与建设单位、设计单位、预制构件加工制作单位、施工单位以及相关单位的联系，及时沟通与加强信息联系，要向工人和其他施工人员做好技术交底工作，按照三级技术交底程序要求，逐级进行技术交底，特别是对不同技术工种的针对性交底，每次设计交底后要切实加强落实工作。

2. 进度控制

生产进度控制在建筑工程建设中起着重要的作用，直接影响企业的经济效益，根据建设单位及施工单位施工进度，对应编制项目模具进场计划及预制构件生产进度，包括图纸审核及交底、模具设计及制作和原材料采购，通过对预制构件从样板生产到批量生产直至竣工的进度进行科学的控制，满足施工进度的要求。

3. 模具制作

模具的制作是构件生产前的关键步骤，也是保证能否生产出合格品及批量化生产的核心因素，它直接关系到整个工厂化施工的进度、质量及成本控制，在模具制作前应组织专业人员对深化设计图纸进行二次审核，经建设单位报设计单位修改、确认后，编制模具设计方案和模具数量，委托专业模具制作厂商加工模具，在符合工艺流程、最大程度保证模具整体刚度、满足工期需要、降低成本的前提下，将通用、简单、轻便、减少用钢量作为主要设计理念。

4. 材料采购

材料采购计划至关重要，除大宗材料外，构件所需的各种埋件，如套筒、连接件、线盒、线管、吊装预埋件等，都要在生产前依据图纸，统计出数量、型号。通过招标采购模式，逐项进行采购，不可遗漏，否则在生产过程中若有一种埋件供应不及时，都会影响正常生产，同时所有材料进场都需专人验收，通过检测合格后，才可使用。

在施工前应将关于装配式混凝土结构施工的物资准备好，以免在施工的过程中因为物资问题而影响施工进度和质量。物资准备工作的程序是搞好物资准备的重要手段。通常按如下程序进行：根据施工预算、分部（项）工程施工方法和施工进度的安排，拟定材料、统配材料、构（配）件及制品、施工机具和工艺设备等物资的用量计划；根据各种物资用量计划，组织货源，确定加工、供应地点和供应方式，签订物资供应合同；根据各种物资的用量计划和合同，拟定运输计划和运输方案；按照施工总平面图的要求，组织物资按计划时间进场，在指定地点按规定方式进行储存或堆放。

5. 人力资源及劳动力

在工程开工前组织好劳动力，建立拟建工程项目的领导机构，建立精干有经验的施工队组，集结施工力量、组织劳动力进场，向施工队组、工人进行施工技术交底，同时建立健全各项管理制度。管理好人员施工机构。

生产劳动力的安排对新型装配式建筑生产管理的影响也很大，在确定劳动力时，应结合生产计划，确定人均生产量，根据各工序、工艺要求，设有钢筋工、模板工、混凝土振捣工、冲洗工、吊车工、转运工、修补工等工厂化生产工种，并确定各工种人员的数量，合理安排生产，使各工种之间有效配合，保证构件质量的同时，节约人工成本。

二、安全管理

（一）吊装安全措施

1）吊装施工前应设置安全警戒区域，严禁非操作人员入内。严禁在已吊起的构件下方或起重臂旋转范围内作业或行走。

2）应定期对预制构件吊装作业所用的工具、吊具、锁具进行检查，发现有可能存在使用风险时，应立即停止使用。

3）作业人员应穿防滑鞋、戴安全帽，高处作业应佩挂安全带，并严格遵守“高挂低用”的使用方法。高空作业的各项安全措施经检查不合格时，严禁高空作业。

4）构件应垂直吊运，严禁斜拉、斜吊。在进行吊装回转、俯仰吊臂、起落吊钩等动作前，应鸣声示意。一次宜进行一个动作，待前一动作结束后，再进行下一个动作。吊起的构件不得长时间悬挂在空中，应采取措施将重物降落到安全位置。吊运过程应平稳，不应有大幅度摆动，不应突然制动。回转未停稳前，不得做反向操作。

5）使用抬吊时，应进行合理的负荷分配，构件重量不得超过两机额定起重量总和的75%，单机载荷不得超过额定起重量的80%。两机应协调起吊和就位，起吊的速度应平稳缓慢。对吊装中未形成空间稳定体系的部分，应采取有效的临时固定措施。

6）预制构件永久固定的连接，应经过严格检查，并确认构件稳定后，再拆除临时固定措施。

7）起重设备及其配合作业的相关机具设备在工作时，必须由专人指挥。对预制构件进行移动、吊升、停止、安装的全过程应用远程通信设备进行指挥，信号不明不得起吊。

8）吊车吊装时应观测吊装安全距离、吊车支腿处地基变化情况及吊具的受力情况。

9）高处作业使用的工具和零配件等，应采取防坠落措施，严禁上下抛掷。

10）吊装作业不应夜间施工，遇到雨、雪、雾天气，或者风力大于6级时，不得进行吊装作业。

11）在吊装区域、安装区域设置临时围栏、警示标志，临时拆除安全设施（洞口保护网、洞口水平防护）时必须要取得安全负责人的许可，离开操作场所时需要对安全设施进行复位。禁止工人在吊装范围下方穿越。

12）吊装施工还应符合《建筑施工起重吊装工程安全技术规范》（JGJ 276—2012）的相关规定。

（二）施工用电安全措施

1）建立现场临时用电检查制度，按现场临时用电管理规定对现场的各种线路和设施进行定期检查和不定期抽查，并将检查、抽查记录存档。

2）施工机具、车辆及人员应与内、外电线路保持安全距离。

3）达不到规范规定的最小距离时，必须采用可靠的防护措施。

4）配电系统必须实行分级配电，电闸箱内电器系统须统一式样、统一配置，箱体统一刷涂橘黄色，并按规定设置围栏和防护（雨）棚，流动箱与上一级电闸箱的连接，采用外插连接方式。

5）配电系统必须采用三相五线制的接零保护系统，各种电气设备和电力施工机械的金属外壳、金属支架和底座必须按规定采取可靠的接零保护。

（三）安全管理组织措施

1）制定项目的安全生产责任制，工地现场设专人负责施工安全。

2）施工前，由项目负责人对施工人员进行安全教育和安全考核，成绩合格方可上岗。

3）在整个施工过程中，由安全负责人定期对全体施工人员进行具体施工要求安全交底和安全检查。

4）项目上制定详尽的安全管理条例和奖惩制度，各班组由兼职的安全负责人定期组织安全学习和教育。吊装人员要严守吊装操作规程。

5）严禁穿拖鞋上班，进入现场必须佩戴安全帽，高空临边作业必须系安全带。

6）加强防火教育，杜绝火灾隐患。规范用电管理，所有闸箱、电缆和用电机具必须达到安全用电的标准，做到人走电断。

7）避免上下交叉作业，严防高空坠物伤人。

8）所有施工机械必须由专人负责保管，并且要常保养、常检查、常维修，使其保持良好的工作状态。

9）设备要由专人操作，必须严格遵守操作规程，防止一切可能的机械伤害。

（四）消防措施

1）积极配合各分项施工的工作，建立消防组织，经常进行防火检查，及时发现和消除存在的火灾隐患。编制防火技术措施。

2）现场禁止使用明火，动火作业必须履行安全监督员审批制度。

3）工作区和生活区的照明、动力电路都必须由专业电工按规定架设，任何人不得私拉电线。

三、成本管理

（一）成本管理方案

1. 优化组织架构

预制构件企业在工作重心上以工厂预制化生产为主，外部施工工作量及作业周期占比较少，且企业中设计部门、生产部门、物流运输部门通常在同一时期内，同时为多个项目从事设计、生产及物流服务，因此，预制构件企业的公司组织架构通常按照职责分工以制造性企业模式设置，预制构件企业没有传统建筑企业中相对独立运作的工程项目部。如果预制构件企业推行项目管理和项目成本管理就需要对组织架构进行优化，应基于实际项目需要，设置跨部门成本项目部，由项目经理统一管理本项目的事务，并基于设计、生产（包括生产工艺策划、采购、质量等）、物流和施工四个关键环节设定关键管理职位，建立对项目质量、进度、安全、成本控制职责维护机制，并全面提升项目管控层次。项目部组织架构设置方案如图 4-69 所示：

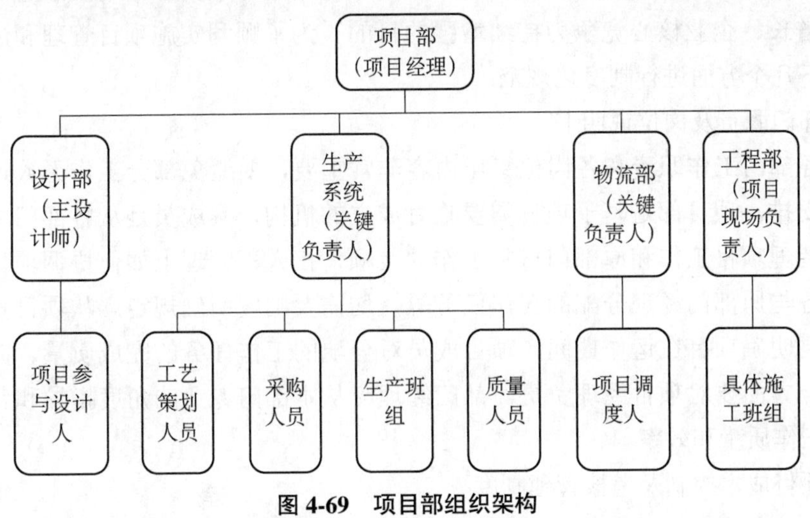

图 4-69　项目部组织架构

项目部成立后，以项目经理为核心实施项目管理和成本管理，这要求项目经理不但要有专业的知识，还要有较强的协调和沟通能力。项目经理是规划并施行项目方案的总负责人，是整个项目团队的引导者，其首先需要履行的职责就是在预估范围中根据时间要求，高质量地引领项目成员完成所有项目任务，且让客户满足。项目经理能够在任何时候纠正成本控制工作中产生的偏差，从而确保项目的成本控制，合理运用人力、物力及财力资源，最终获取较高的经济效益。因此，项目经理必定要在各项目规划、项目组织与项目管理工作中发挥引导职责，才能达成项目的终极目标。另外项目经理对项目任务和项目目标成本进行分解，装配式建筑项目成本分解如图 4-70 所示。

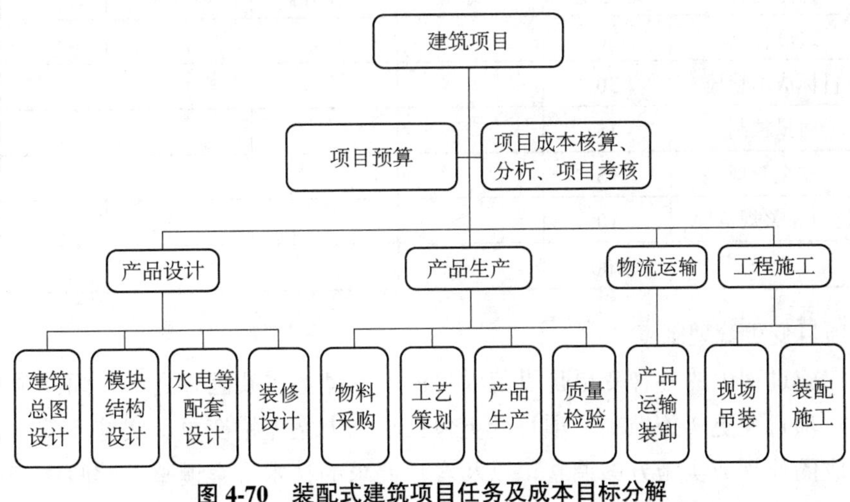

图 4-70　装配式建筑项目任务及成本目标分解

2. 完善项目成本管理制度

对于各种建筑项目而言，完整、有效的成本控制制度是保障项目各项工作顺利开展的根本，企业只有合理安排和控制各项成本，才能实现各项资源的最优配置，达到经济效益稳定增长、企业核心竞争力持续增强的目的。为了顺利实施项目管理和成本管理，应当在以下几个方面进行制度化规范：

（1）部门职责及岗位说明书

明确各部门工作职责和各岗位工作内容非常重要，要避免部分工作无人过问或部分工作重复安排。项目部是基于项目需要临时成立的机构，其成员是从各部门中抽调兼任的，如何处理项目工作和原部门日常工作的兼顾，在人事管理上如何协调项目经理分配的工作任务与原部门经理分配的工作任务等，均需要制度明确规定。从项目管理的角度来看，需要明确项目在运作期间，项目成员对分配的工作任务的完成质量、完成进度，在协调配合方面要对项目经理负责，部门经理应从本部门专业的角度指导和帮助项目部成员提高工作质量和效率。

（2）项目成本控制及考核管理制度

项目考核制度主要内容包括：每月至少一次对建筑项目进行综合检查，一旦出现项目成本超支现象，及时查明原因，制订有效的弥补方案，并提出书面建议。同时，考核制度中还应对项目经理制定清晰的考核方案，如果建筑项目连续出现成本超支问题且找不到亏损原因，公司有权撤换项目经理。项目可以分两级考核，公司考核项目经理，项目经理考核项目成员或班组，由公司项目评审小组依据项目进度、质量、安全以及成本多个考核指标进行评分，依据评分高低进行奖励或处罚。装配式建筑项目考核评分表见表 4-26。

表 4-26 装配式建筑项目考核评分

序号	评分内容	总分值	计划值	实际值	差异率	评分	备注
1	进度控制	30					
2	目标成本管控	30					
3	质量控制	15					
4	安全管理	15					
5	资料完整规范性	10					
6	总分	100					

（3）项目变更管理制度

项目实施过程中的各种变更是引起项目成本异动的重要因素之一，因此项目实施过程中，要对项目变更实施控制。项目变更包括设计方案差错变更、实施环节非正常因素的影响造成的计划或实施方案调整，以及客户要求的技术方案调整。前两种变更属于企业内部原因造成的，应当纳入项目成本考核；对于客户变更，应在实施过程中进行，对因客户变更增加的成本，需要客户签字确认，如因此导致项目实施周期延长的应一并与客户进行签字确认，并在项目验收结算时，调整项目结算金额。对客户未书面签字的变更事项，禁止随意下达项目变更指令。

因公司内部设计等原因发生的项目技术变更，需要按公司制度要求办理审批手续后方可签发变更指令，未经批准禁止私自改变原技术方案或实施计划。项目技术变更审批单见表4-27。

表4-27　项目技术变更审批单

<table>
<tr><td>更改类型：</td><td colspan="2">□ 设计文件更改</td><td colspan="2">□ 工艺文件更改</td><td colspan="2">编号：</td></tr>
<tr><td>更改原因：</td><td colspan="2">□ 客户要求</td><td colspan="2">□ 设计差错</td><td>□ 设计优化</td><td>□ 其他</td></tr>
<tr><td>项目名称</td><td colspan="4"></td><td>项目编号</td><td></td></tr>
<tr><td>文件名称</td><td colspan="4"></td><td>文件编号</td><td></td></tr>
<tr><td colspan="4">更改前：</td><td colspan="3">更改后：</td></tr>
<tr><td colspan="7">对在制品和积压材料处理方案：</td></tr>
<tr><td rowspan="2">成本增减</td><td>材料</td><td>人工</td><td>呆滞料</td><td>…</td><td>…</td><td>合计</td></tr>
<tr><td></td><td></td><td></td><td></td><td></td><td></td></tr>
<tr><td>申请人</td><td></td><td>审核</td><td></td><td>批准</td><td colspan="2"></td></tr>
<tr><td>日期</td><td></td><td>日期</td><td></td><td>日期</td><td colspan="2"></td></tr>
<tr><td>附件</td><td colspan="6">□ 变更申请资料 □ 客户变更通知书 □ 其他</td></tr>
</table>

项目管理及成本管理相关的配套制度的建立，明确了项目成员管理责任、提高了成本管理意识，增强了项目成员成本控制的主动性，为项目管理和成本管理的顺利实施奠定了基础。

（二）成本预算管理方案

1. 项目部的组建管理

项目承接后，由公司组织成立项目部、任命项目经理，确认项目成员，由项目经理负责组织项目启动会议，讨论项目初步实施方案，根据实施方案进行项目任务分工，编制项目实施计划表，并根据项目实施计划表等绘制项目甘特图，项目实施计划表是项目实施的重要管理文件，项目实施计划表样式见表4-28。

表 4-28 项目实施计划

序号	任务号	主要任务	执行人	开始时间	结束时间	天数	工时
1	1	图纸设计					
2	1.1	总图设计					
3	1.1.1	绘图					
4	1.1.2	…					
5	1.2	第一阶段技术评审会					
6	1.3	结构水电配套图设计					
7	1.3.1	结构图设计					
8	1.3.2	…					
9	…	…					
10	2	生产					
11	2.1	钢构生产					
12	2.2	产品装修					
13	2.2.1	电路安装					
14	…	…					
15	3	物流运费					
16	…	…					
17	4	现场施工					
18	…	…					
19	5	项目总结					

2. 设计阶段成本控制

设计阶段具备项目成本的最大可控性和最大决定权，是成本控制的关键。设计是在技术和经济上对拟生产、拟安装的模块化项目的实施进行全面安排，也是对建筑物进行整体规划的过程。技术先进、经济合理的设计方案能使项目生产及安装工期缩短、节省材料投入、优化运输方案、提高效益。设计阶段成本控制主要是通过对项目设计方案进行评审，使设计方案最优化，使其生产、物流和施工阶段成本的投入更少，达到降低项目总成本的目的。企业应当关注产品设计对其他作业阶段的影响，在实践中，设计应充分考虑国家或地方法规、顾客对产品性能的要求，力求在满足要求的前提下，避免出现质量过剩和质量不足两种情况，同时技术人员必须从产品的设计、制造、销售和服务等整体过程考虑，防止因设计的模块化单元不合理，造成生产成本、物流成本以及施工成本的增加。

技术人员很难全面地考虑设计方案对各环节成本的影响，因此需要各部门人员对技术方案进行评审，为了防范风险和提高工作效率，建议技术方案评审分两个阶段进行，第一个阶段：在建筑总图设计以及预制单元模块的初步拆分方案完成后进行，第二个阶段：在单元模块的结构图、水电图、配套和装修方案完成后进行。每个阶段评审时需要生产、工艺、质量、物流及工程等部门一起参与，通过两个阶段的评审基本可以统筹管理，避免因设计方案不科学使后端各阶段增加额外成本。项目技术方案评审报告见表4-29。

表4-29　项目技术方案评审报告

<table>
<tr><td>项目名称</td><td colspan="2"></td><td>项目编号</td><td colspan="2"></td></tr>
<tr><td>项目经理</td><td colspan="2"></td><td>评审组织人</td><td colspan="2"></td></tr>
<tr><td>评审阶段</td><td colspan="5">□ 第一阶段方案评审　□ 第二阶段方案评审　□ 其他</td></tr>
<tr><td colspan="6">评审内容及改进建议：

总工程师：　　　　年　月　日</td></tr>
<tr><td colspan="6">评审结论及改进措施：

项目经理：　　　　年　月　日</td></tr>
<tr><td colspan="6">参加评审人员</td></tr>
<tr><td>部门</td><td>签名/日期</td><td>部门</td><td>签名/日期</td><td>部门</td><td>签名/日期</td></tr>
<tr><td></td><td></td><td></td><td></td><td></td><td></td></tr>
<tr><td></td><td></td><td></td><td></td><td></td><td></td></tr>
</table>

3. 项目成本预算管理

项目成本预算应基于项目技术方案和项目实施计划编制，同时要综合考虑可能会对生产成本、物流成本、施工成本产生影响的各种因素。因为预制构件生产企业的重要特点之一就是建筑物拆分成多个模块在工厂中预制化生产，生产过程具有制造企业的特点，因此设计方案和产品制造图纸非常详细，适合做详细的材料定额预测和材料成本预算。因为技术方案中包括项目现场装配图及施工图，因此施工环节的材料定额和成本可以一并进行预算。

工艺人员结合生产工序及生产量，估算生产人力资源投入量，据此可以预算生产的人工成本。物流人员结合预制化模块大小、模块数量，预估出运输选择的车型和用车数量，再结合运输距离和项目现场环境等可以预算运送费、吊装费、装卸人工费用等相关费用。工程技术人员基于技术方案，结合项目施工现场的地理环境、施工期间天气等综合因素编制项目施工计划，估算工种、用工人数和施工周期，据此可以预算施工环节人工成本和施工机械成本。

项目预算需要经过评审后才可以作为执行和考核依据，因此项目预算编制完毕，需要公司组织工程和财务等专业人员，从多角度全面地论证项目预算成本的合理性和全面性。

（三）成本控制方案

1. 生产阶段成本控制

生产环节材料成本控制：在生产环节，严格控制生产任务单和限额领料单的管理。对具体项目的每个分项目实际消耗的材料成本与前期预算作对比，无论是盈是亏都要做好记录，材料超耗时及时找出原因，为后期项目成本管理提供可靠资料，同时为项目考核提供依据。

生产环节人工成本控制：产品的生产是由生产工人直接完成的，产品成本的高低，与操作人员业务素质水平的高低有很大关系。因此，应不断提高生产人员理论知识水平和实际操作能力，要严格按照规章制度、操作标准办事，树立“质量是产品生命力”的观念，由被动地接受检验转变为我要检验、自我检验、相互检验，使整个生产过程处于材料定额控制与质量监督体系之下，只有这样才能在保证产品质量的同时，降低产品的成本费用，提高企业的经济效益。另外，生产环节还要重视生产效率和项目进度的管理，只有效率提高了，单位人工成本和费用才会降低。

2. 物流阶段成本控制

模块化单元生产并打包完后进入物流发运环节，需要对运输方案进行必要的筹划。如根据产品运输的紧急程度，选择水路运输、陆路运输或航空运输（需求的紧急配件），不同途径的运输方式，运费成本差异巨大，因此在交期允许的前提下尽量使用水路运输，在水路运输不能通达的情况下，选择陆路运输，仅在国外项目中临时现场补货时，才使用航空运输；安排运输时需要考虑产品运输体量，根据产品外形尺寸选择合适的运输车型，避免大车小用；在运输过程中需要考虑产品的保护情况，预防损坏，因此装车方案需要充分考虑防压、防撞等必要保护，避免因质量损坏而补货。

单元模块发运先后顺序要与现场施工需求进度相匹配，避免已发货的现场暂时不需要，需要的未及时发货，导致现场施工人员窝工或者额外产生现场材料仓储费、二次搬运费等成本。

3. 施工阶段成本控制

施工环节项目成本管理包括材料成本控制、施工计划控制、人员调度、设备管理以及现场费用控制等几个方面，它们之间都是互相关联和互相促进的，基于成本目标和施工计划，对成本进行控制，并结合实际情况及时纠偏。工程结束后，项目部要尽快组织施工人员、施工机械及时退场，安排技术人员做好资料的整理工作，完善各种材料手续，组织人员在规定时间进行工程验收，提交竣工报告，为工程的决算提供依据。在工程竣工结算办理时，认真检查、核对工程项目，确认其实际建设情况与合同签订时的要求相符合，认真清理施工过程中的实际签证工作和实际计量，对工程的人工费用、机械使用费、管理费、材料费等各种费用进行分析、比较、查漏补缺，以便准确办理项目结算，确保结算的完整性和正确性。

4. 项目成本控制纠偏及循环优化管理

项目成本控制要遵循一定思路，控制首先是在预先制订的计划基础上进行的，要有明确的成本目标。然后按照计划的要求投入资源，在项目进行中，会不断输出各项成本资料，对成本进行核算，记录各项数据，形成成本月报、季报和年报等。由于环境变化的影响，实际输出的成本资料很可能会偏离计划目标，将项目的实际成本数据和计划目标进行对比，如果计划的执行情况良好，那么就按照原计划进行，如果实际成本与计划有所偏离，那么采取纠偏措施，或者改变项目计划。

成本控制工作就是反复执行这个循环过程，项目成本控制过程基于项目预算、成本实际核算和项目分析数据，在实施项目控制的过程中，伴随纠偏管理，保障项目成本目标实现。项目成本控制的流程如图 4-71 所示。

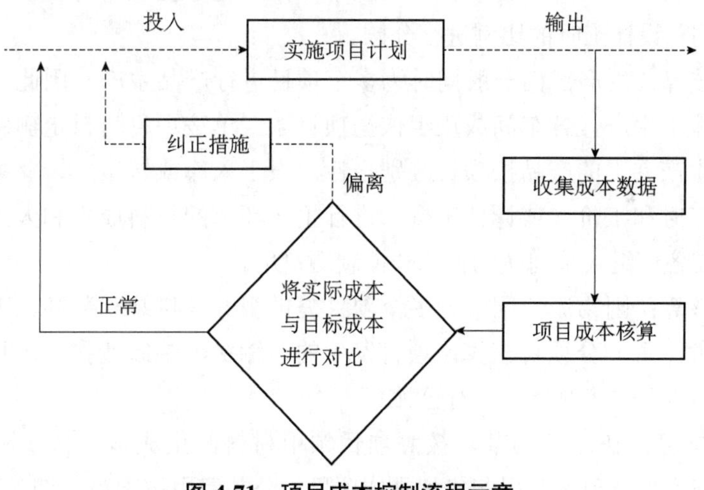

图 4-71　项目成本控制流程示意

（四）成本核算、分析和考核方案

1. 项目成本核算管理方案

项目成本核算为项目成本分析、成本控制纠偏提供了数据支持，因此需要使用合适的会计核算方案，按照项目归集成本和费用。预制构件生产企业包括设计、生产、物流和施工 4 个阶段，分别针对 4 个阶段制定合适的核算方案，确保成本归集准确全面、费用分摊合理。具体项目成本核算方案见表 4-30。

表 4-30 项目成本核算方案

阶段	成本分类	核算方法
设计阶段	人工成本	按设计工时归集人工成本、分摊费用
生产阶段	材料成本	按设计工时归集人工成本、分摊费用
	人工成本	项目派工生产，按项目、班组两个维度核算人工工资
	制造费用	按作业成本法，分班组、项目基于作业工时分摊费用
物流阶段	运输费	按项目实际结算归集
	装卸人工成本	按项目派工，按项目、班组两个维度核算工资
	吊装费	按项目统计、结算
施工阶段	材料成本	按项目领料归集
	施工人工成本	按项目核算人工成本
	机械设备费	按项目报销结算归集
	施工管理费	按项目报销结算归集，公共费用工时分摊

设计成本核算：大型项目或设计周期长的项目，如果有专职设计师参与，可以按照参与人员实际工资、费用计入该项目设计成本，如果是小型项目可以按照设计师投入的设计工时占当期总设计工时的比例进行分摊。

生产成本核算：生产部门一般同时为多个项目进行产品生产，因此，应基于生产计划按项目进行派工生产，各车间或班组依据项目派工单按项目材料定额领用原材料，各班组对本班组生产完工的产品按项目分别报检、报工入库或转工序，财务部按照项目实际领料、报工工时和工价（或计件工资）进行生产环节的材料成本和人工成本核算，并按照生产工时在各班组（车间）的占比分摊制造费用。

物流成本核算：因物流部同时为多个项目提供服务，包装和装卸人工费按项目工时和工价（或计件工资）分项目核算，项目发生的运输费、装卸费按照项目归集核算，其他间接费用按照投入的工时比例进行分摊。

施工成本核算：在施工环节，按照项目领用材料归集成本，按实际发生的人工成本、设备租用成本以及现场费用归集到具体项目，公共费用按项目工期（工时）分摊。

2. 项目成本分析管理方案

预制构件生产企业成本分析的主要内容就是对项目成本变动因素的分析。影响项目成本变动的因素有两个方面，一是外部的属于市场经济的因素，主要包括企业的规模和技术装备水平、管理人员协调能力、员工的技能水平及操作熟练程度等内容；二是内部的属于企业经营的因素，包括材料、能源利用效果，机械设备的利用效果，生产及施工质量水平的高低，人工费用水平的合理性，不同部门前后衔接资源调配的合理性和其他影响项目成本变动的因素。

预制构件生产企业可以对企业某一时期全部工程项目成本进行总体分析，以分析公司项目总成本计划的完成情况，这种分析通常采用比较分析法，将企业工程项目的实际成本和预算成本进行比较，以分析项目总成本的下降程度，观察各种项目成本的下降情况以及下降趋势。在分析项目总成本计划完成情况时，应同时对成本降低额和降低率两个指标进行分析。对企业项目总成本进行分析可以看出整个企业成本计划总的完成情况，但是不能具体了解各种计划成本项目的完成情况。为了加强成本责任制，分清经济责任，查明各个成本项目升降对总成本的影响，还要对项目进行细化分析。对具体项目总成本的综合分析可以了解项目总成本的使用情况，再对项目中成本大幅度超支的部分进行分析，并找出超支的原因。因预制构件生产企业实施了较为精确的项目成本预算，因此成本分析时一般使用差额分析法。由于预制构件生产企业项目成本的构成中，材料成本、人工费用、运送费用、机械使用费占整个工程成本的90%以上，因此在分析成本项目时，通常重点分析这些占比较高的成本项目的增减原因即可。

3. 项目成本考核管理方案

项目成本管理是一个系统工程，而项目成本考核则是系统的最后一个环节。项目成本考核的目的在于，贯彻落实责权利相结合的原则，促进成本管理工作的健康发展，更好地完成项目成本目标。在项目成本管理中，项目经理和所属项目成员或班组，都有明确的工作职责和定量的责任成本目标，通过定期和不定期的成本考核，既可对其加强督促，又可调动其成本管理的积极性。如果对成本考核工作抓得不紧，或者不按正常的工作要求进行考核，则成本预算、成本控制、成本核算、成本分析都无法得到及时正确的评价。这不仅会挫伤有关人员的积极性，还会给今后的成本管理带来不可估量的损失。项目的成本考核，特别要注重实施过程中的考核，因为中间考核发现问题时，可以及时纠偏，防止成本目标偏差太远，造成无法弥补的损失。而竣工后的成本考核，虽然也很重要，但对成本管理的不足和由此造成的损失已经无法弥补。

项目的成本考核，可以分为两层：一是企业对项目经理的考核；二是项目经理对项目成员及班组的考核。通过以上层层考核，督促项目经理、责任部门和责任者更好地完成自己的责任成本目标，从而实现项目成本目标的层层保证。企业应结合项目实施中的工期、质量、安全、成本等多个指标进行综合考评，实施奖惩管理，对完成各项考核指标的项目成员或团队给予奖励，对实现成本节约的人员和团队给予重奖，对未完成考核指标、造成成本超支的人员和团队进行处罚。

操作技能篇

第五章　构件生产准备

第一节　预埋件进场验收

一、灌浆套筒进场验收

1. 技术要求

灌浆套筒进场时，应对套筒标识、外观质量和尺寸偏差进行检查，抽取灌浆套筒并采用与之匹配的灌浆料制作对中连接接头试件，再进行抗拉强度复验。

套筒灌浆端最小内径与连接钢筋公称直径的差值不应小于表 5-1 规定的数值，用于钢筋锚固的深度不宜小于插入钢筋公称直径的 8 倍锚固深度（不包括钢筋安装、调整长度和封浆挡圈段长度）。

表 5-1　灌浆套筒灌浆段最小内径尺寸要求

钢筋直径/mm	套筒灌浆段最小内径与连接钢筋公称直径差最小值/mm
12～25	10
28～40	15

抗拉强度检验接头试件应模拟施工条件并按施工方案制作，接头试件应在标准养护条件下养护 28 d，试验方法按《钢筋机械连接技术规程》（JGJ 107—2016）的有关规定执行，试验应采用零到破坏或零到连接钢筋抗拉荷载标准值 1.15 倍的一次加载制度。接头抗拉强度不应小于连接钢筋抗拉强度标准值，且破坏时应断于接头外钢筋处。

2. 检查数量

同一批号、同一类型、同一规格的灌浆套筒不超过 1 000 个为一批，每批随机抽取 10 个套筒检查标志、外观质量和尺寸，每批随机抽取 3 个套筒制作对中连接接头试件。

3. 检查方法

观察、检查质量证明文件和接头抗拉强度报告。

二、预埋吊件进场验收

预埋吊件进场验收应符合下列规定：

1）同一厂家、同一类别、同一规格预埋吊件不超过 10 000 件为一批；

2）按批抽取试样进行外观尺寸、材料性能、抗拉拔性能等试验；

3）检验结果应符合设计要求。

三、内外叶墙体拉结件进场验收

内外叶墙体拉结件进场检验应符合下列规定：

1）同一厂家、同一类别、同一规格产品不超过 10 000 件为一批；

2）按批抽取试样进行外观尺寸、材料性能、力学性能检验，检验结果应符合设计要求。

四、镀锌金属波纹管进场验收

钢筋浆锚连接用镀锌金属波纹管进场检验应符合下列规定：

1）应全数检查外观质量，其外观应清洁，内外表面应无锈蚀、油污、附着物、孔洞，不应有不规则褶皱，咬口应无开裂、无脱扣；

2）应进行径向刚度和抗渗漏性能检验，检查数量应按进场的批次和产品的抽样检验方案确定；

3）检验结果应符合现行行业标准《预应力混凝土用金属波纹管》（JG/T 225—2020）的规定。

五、保温材料进场验收

保温材料进场检验应符合下列规定：

1）同一厂家、同一品种、同一规格产品不超过 5 000 m^2 为一批；

2）按批抽取试样进行导热系数、密度、压缩强度、吸水率和燃烧性能试验；

3）检验结果应符合设计要求和国家现行相关标准的有关规定。

第二节　预埋作业面准备

一、预制构件生产工艺流程

预埋工应熟悉预制构件生产工艺流程，掌握预埋工序的插入节点。按照一般预制构件中预埋工序通常在构件钢筋骨架（网）安装完成后进行预埋件安装。当构件为夹心保温墙板时，还应埋设相应的保温层和连接件等。预制构件生产工艺流程如图 5-1 所示。

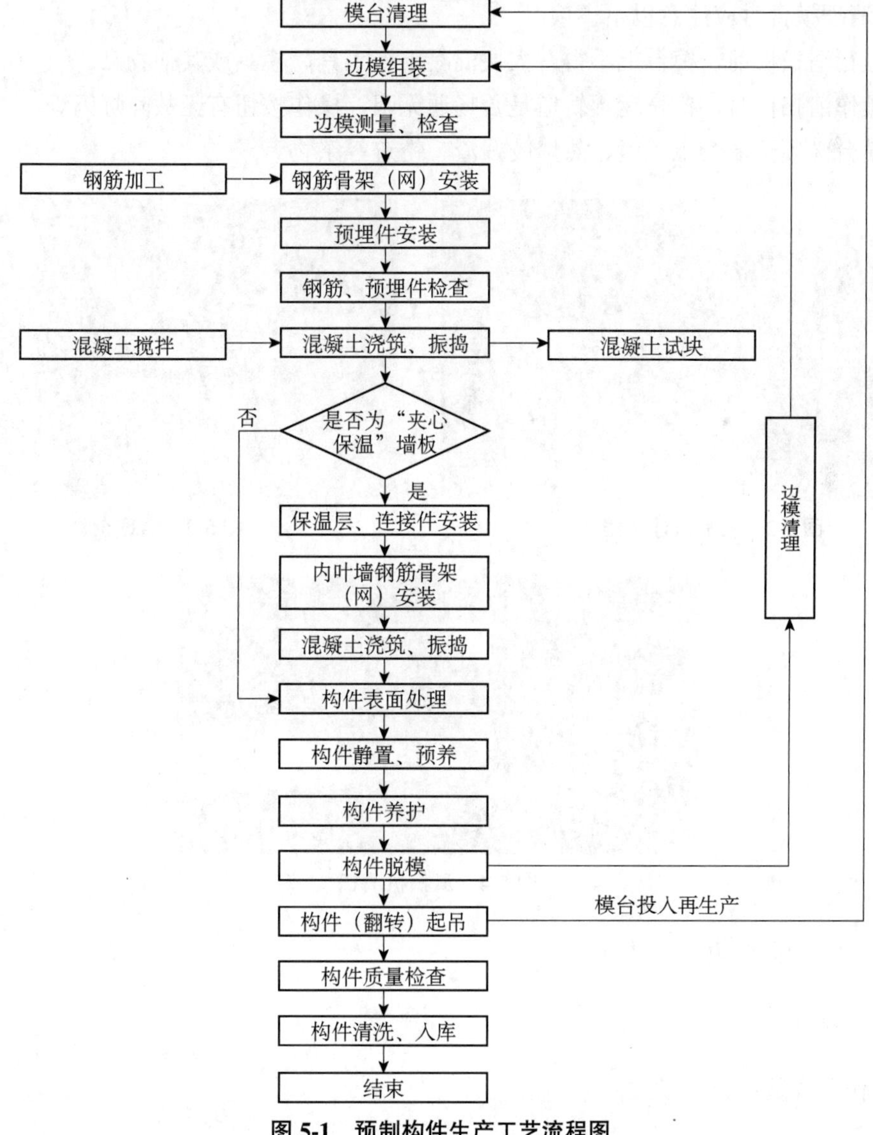

图 5-1　预制构件生产工艺流程图

二、叠合楼板

（一）清理模台

1）将模台上的边模、磁盒等相关物品清理，并整齐地摆放在指定位置，如图 5-2 所示。

2）人工手持铲刀将大块混凝土、热熔胶残渣等杂物清除，如图 5-3 所示。

3）启动清扫机从模台一端开始清扫 1～2 遍，最后将垃圾集中处理，如图 5-4 所示。

4）清扫机清扫结束后，在预埋工位人工手持铲刀将桌面残留的固态杂物清理干净。

5）手持扫把、抹布将模台面残余的灰尘清扫、擦拭干净。

6）用砂纸或打磨机将模台面有锈迹的区域打磨清理，保证构件表面光泽无异物。

7）清理模台时应注意以下事项：

①运行清扫机前，模台上不得有大块混凝土、工具、模具或其他物品；

②操作清扫机时，检查运行轨道是否畅通无阻，操作按钮有无故障灯闪烁；

③模台必须无混凝土残渣、热熔胶残渣、锈迹等杂物。

图 5-2　物品清理、摆放

图 5-3　清理杂物

图 5-4　清扫机清扫

（二）画线支模

1. 前期准备

1）作业人数：1～2 人。

2）作业工具：边模、锤子、卷尺。

3）作业耗材：画线液、泡沫条、热熔胶、双面胶带。

2. 操作步骤

1）准备好支模所需的器具，边模、磁盒、泡沫条等。

2）确认基准点，根据拼版图将相关数据导入画线机控制系统后开始画线或者人工画线。

3）按照画线标记摆放边模并用磁盒固定，磁盒间距 50 cm 左右，可根据实际情况变动，如图 5-5 所示。

4）边模长度不够时用泡沫条代替，用美工刀切出需要的长度，如图 5-6 所示。

5）在泡沫条底部贴上双面胶并涂抹适量热熔胶进行固定，如图 5-7 所示。

6）泡沫边模固定完成后再用磁盒将两边固定。用卷尺检查尺寸是否正确无误，如图 5-8 所示。

图 5-5　固定边模

图 5-6　处理长度不足的边模

图 5-7　固定泡沫条

图 5-8　检查尺寸

3. 操作要求

1）钢边模内侧要保证清洁无杂物。

2）支模前检查边模是否有变形，如有变形的边模必须更换。

3）固定完成后检查磁盒按钮是否都按压下去，边模不得有松动的情况出现。

4）边模放完后需检查长、宽、对角线长度，保证与图纸尺寸一致。

5）模台上残留的泡沫颗粒需用气枪、抹布及时清理。

三、叠合墙板

（一）清理模台

1）人工手持铲刀将大块混凝土、热熔胶残渣等杂物清除，如图 5-9 所示。

2）操作机械手把墙板起吊后，将模台上的边模、磁盒等相关物品拆除，并整齐地摆放在指定位置，如图 5-10 所示。

图 5-9 清理杂物

图 5-10 机械手工作

3）启动清扫机从模台一端开始清扫 1～2 遍，如图 5-11 所示，最后将垃圾集中处理。清扫机清扫结束后，人工手持铲刀将桌面残留的固态杂物清理干净。

图 5-11 清扫机清扫

（二）机械手画线、支模

确认基准点，根据拼版图将相关数据导入机械手控制系统后，机械手会根据数据开始自动画线并支模，同时会将磁盒下压固定，如图 5-12、图 5-13 所示。

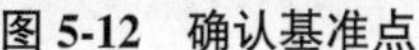

图 5-12　确认基准点

图 5-13　机械手工作

四、夹心保温墙板

（一）清理模台

1. 前期准备

1）作业人数：1～2 人。

2）作业工具：铲刀、砂纸、抹布、扫把、打磨机。

3）作业耗材：脱模剂。

2. 操作步骤

1）墙板起吊后将模板桌上的模具、磁盒等相关物品拆除，并按要求整齐地摆放在指定位置。

2）人工手持铲刀将大块混凝土、热熔胶残渣等杂物清除。

3）人工手持铲刀将桌面残留的固态杂物清理干净，如图 5-14 所示。

4）手持扫把、抹布将模台面残余的灰尘清扫、擦拭干净。

5）用砂纸或打磨机将模台面有锈迹的区域打磨清理，保证构件表面光泽无异物。

图 5-14　清理杂物

3. 操作要求

1）模板桌必须无混凝土残渣、热熔胶残渣、锈迹等杂物。

2）不得将模具乱扔，避免再次使用时缺少零件。

（二）模具组装

1. 前期准备

1）作业人数：2～3 人。

2）作业工具：电动扳手、锤子、卷尺、磁盒。

2. 操作步骤

1）准备好需要组装的模具器具、磁盒以及其他工具等。

2）根据模具组装图纸将各部分零件拼装，完成后用电动扳手将螺母固定，如图 5-15 所示。

3）拼装完成后用卷尺检查主要尺寸，并微调有偏差的尺寸。

4）将拼好的模具边沿处用磁盒固定，并在此检查主要尺寸。

图 5-15　拼装零件

3. 操作要求

1）磁性边模内侧应保证清洁无杂物。

2）固定完成后检查磁盒按钮是否都按压下去，边模不得有松动的情况出现。

3）边模放完后需检查长、宽、对角线长度，保证与图纸尺寸一致。

4）外叶墙完成浇筑后需重新检查和校正内叶墙模具。

5）模台上残留的异物和泡沫颗粒需用气枪、抹布及时清理。

五、套筒剪力墙

（一）清理模台

1. 前期准备

1）作业人数：1～2 人。

2）作业工具：铲刀、砂纸、抹布、扫把、打磨机。

3）作业耗材：脱模剂。

2. 操作步骤

1）将模板起吊至指定位置，并整齐地摆放。

2）人工手持铲刀将大块混凝土、热熔胶残渣等杂物清除。

3）人工手持铲刀将桌面残留的固态杂物清理干净。

4）手持扫把、抹布将模台面残余的灰尘清扫、擦拭干净。

5）用砂纸或打磨机将模台面有锈迹的区域打磨清理，保证构件表面光泽无异物。

3. 操作要求

1）模台必须无混凝土残渣、热熔胶残渣、锈迹等杂物。

2）不得将模具乱扔，避免再次使用时缺少零件。

（二）模具组装

1. 前期准备

1）作业人数：1～2 人。

2）作业工具：电动扳手、锤子、卷尺、规格线盒。

3）作业耗材：脱模剂。

2. 操作步骤

1）根据模具组装图纸要求，将各部分零件吊装至工作台拼装，用螺母固定，如图 5-16 所示。

2）拼装完成后用卷尺检查主要尺寸，并微调有偏差的尺寸，如图 5-17 所示。

3）将拼好的模具边沿处用磁盒固定，并在此检查主要尺寸。

图 5-16　模具组装

图 5-17　微调尺寸

3. 操作要求

1）磁性边模内侧应保证清洁无杂物。

2）固定完成后检查磁盒按钮是否都按压下去，边模不得有松动的情况出现。

3）边模放完后需检查长、宽、对角线长度，保证与图纸尺寸一致。

4）模台上残留的泡沫颗粒需用气枪、抹布及时清理。

第六章　预埋施工

第一节　预埋件放线——自动画线机放线

1）将构件CAD图纸传送到画线机的主计算机上。

2）确定预制构件基准点后（图6-1），画线机按图纸自动在模台上画出模具组装边线，如模具在模台上组装的位置、方向及预埋件安装位置（图6-2）。

编程时应进行布局优化，以使同一模台上能同时生产多个预制构件，从而提高模台使用效率。

图6-1　确认基准点

图6-2　机械手工作

第二节　预埋件安装固定

一、预埋件安装总体要求

1）构件上部的预埋件可采用工具式螺栓固定，当采用磁力吸或胶粘法固定预埋件时，磁力吸规格和黏接剂的品种、型号应通过试验确定。

2）构件底面上预埋件的固定。当采用钢底模时，可采用与钢筋焊接的方式，但不得损伤被焊钢筋断面，且不得与预应力钢筋焊接；当采用木底模时，可采用钉子固定。

3）型钢预埋件应采取在型钢上加焊钢筋的方式来定位固定，预埋件应与钢筋骨架和模板绑扎牢固。

4）预埋螺栓、吊母、吊具等应采用工具式卡具固定，并保护好丝扣。

5）预埋钢筋套筒应使用定位螺栓固定在侧模上，灌浆口角度可采用钢筋棍绑扎在主筋上进行定位控制。

6）预埋电线盒、电线管或其他管线时，必须与模板或钢筋固定牢固，并将空隙堵塞严密，避免水泥砂浆进入。

7）在安装过程中发现预埋件的尺寸、形状发生变化时或对预埋件的质量有怀疑时，应对该批预埋件再次进行复检，合格后方可使用。

二、灌浆套筒安装固定

（一）核查套筒及配件

根据设计要求，核查套筒及其配件是否齐全，规格是否正确。套筒配件包括密封柱塞、密封环、灌浆管、出浆管和管堵等。本节以常用的全灌浆套筒为例介绍安装固定操作要点。当采用半灌浆套筒时，还需按要求对钢筋端头进行套丝处理，钢筋与半灌浆套筒连接时需采用力矩扳手，拧紧扭矩需满足设计及标准要求。

（二）密封柱塞安装

在端模板上精确定位出套筒的安装位置，把密封柱塞安装于端模板上。如图 6-3 所示。

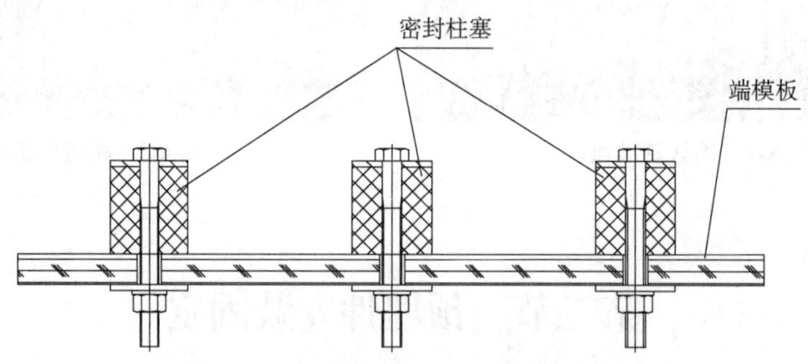

图 6-3　密封柱塞在端模板上安装示意

（三）套筒安装

套筒安装时应将套筒装配端（大孔口端）套入密封柱塞至套筒端面贴紧端模板，用工具（如扳手）拧紧端模板外面的螺母，橡胶柱塞在螺栓拉力作用下向外膨胀使得橡胶柱塞与套筒内壁紧密贴合，实现对套筒的定位密封。安装时注意两端侧面的螺纹孔口应向外垂直于构件端面，以方便灌浆管和出浆管与其连接，安装示意如图 6-4 所示。

（四）预埋段钢筋安装

将密封环套入钢筋，密封环距钢筋端头距离应不小于 1/2 套筒长度，然后将套有密封环的钢筋插入套筒中，直至与套筒中部定位肋相接，最后用工具将钢筋上的密封环塞入套筒端口，为保证密封可靠，需加涂密封胶或填缝剂等密封材料，安装示意如图 6-5 所示。

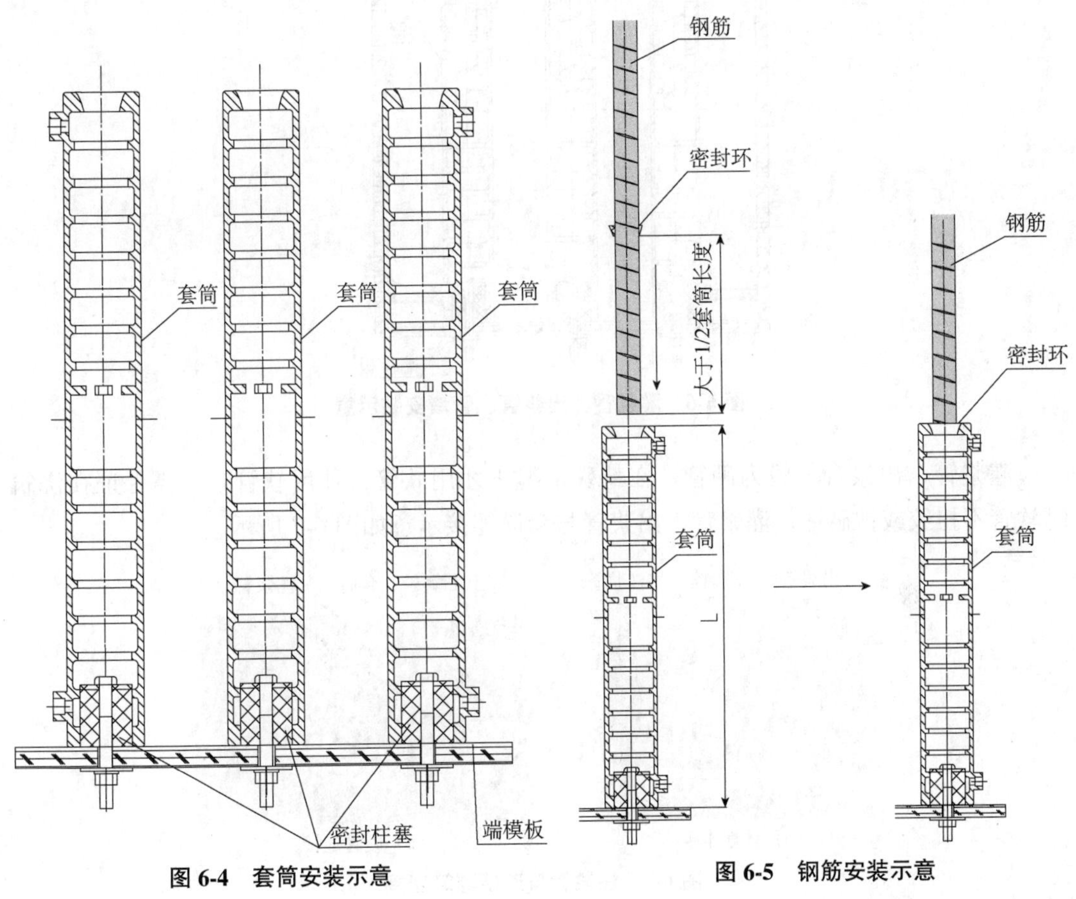

图 6-4　套筒安装示意　　图 6-5　钢筋安装示意

（五）灌浆管、出浆管、管堵安装

灌浆管、出浆管安装时只需将灌浆管和出浆管拧紧在套筒两端侧面的螺纹孔内即可，安装后灌浆管、出浆管端头应与构件表面平齐。为保证构件混凝土浇筑时砂浆不进入灌浆管和出浆管内部，需用管堵塞住管口。灌浆管、出浆管、管堵安装示意如图 6-6 所示。

当灌浆管、出浆管需伸出构件表面（或伸出侧模板外）时，伸出的管口和管道与模板接触部位都应进行密封处理。

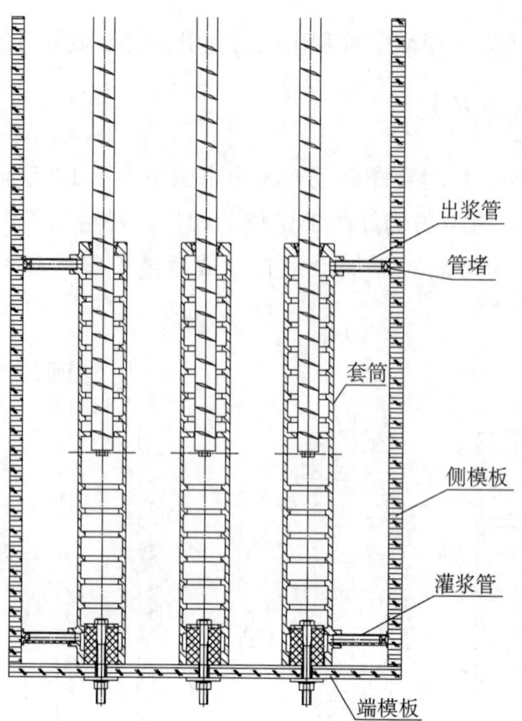

图 6-6　灌浆管、出浆管、管堵安装示意

灌浆管、出浆管一般为硬管，在特殊情况下才用软管，使用软管时，需保证在浇筑时软管不扭绞或被破坏，灌浆管、出浆管与套筒连接示意如图 6-7 所示。

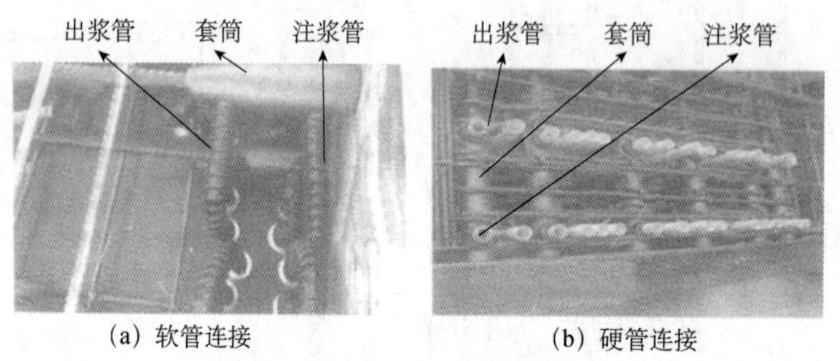

（a）软管连接　　（b）硬管连接

图 6-7　注浆管与连接套筒连接

三、线盒及 PVC 管安装固定

在工厂生产预制构件时，涉及线盒及 PVC 管预埋的构件有墙板类构件和叠合板。墙板类构件中一般会在生产阶段埋设线盒及 PVC 管。叠合板一般会在生产阶段埋设线盒，在施工安装阶段（叠合层混凝土浇筑前）埋设 PVC 管与线盒连接。本章只介绍线盒及 PVC 管在构件生产阶段的预埋流程及方法。

（一）墙板内线盒及 PVC 管安装固定

1. 工艺流程

划定线盒位置→固定线盒、固定电箱→敷设管路进行连接、切断和弯曲→线盒下管线空间的预留。

2. 划定线盒位置

在加工厂由工厂预制人员按照图纸进行分析，对各平台、板墙中预埋的线、盒、箱、套管位置进行精确定位，预埋标准尺寸要求应统一，为了保证线盒位置的准确，首先应该根据设计图纸要求的灯具型号，计算出线盒位置。根据计算出的位置在模板上画出位置线，以免发生错误。线盒位置的确定采用零点固定标尺测量法进行准确定位。

3. 固定线盒

根据画出的位置线，将线盒与线盒磁铁模具用胶带进行固定，胶带不易过多缠绕，并正确安放到画线位置，连接管路、安装管路与线盒接头，线盒接头必须封堵严密，以免灰浆渗入造成管路堵塞。

4. 固定电箱

根据图纸，画出电箱位置线，根据配电箱的尺寸结合墙板厚度、管线实际敷设情况，先确定好箱内管线的位置，画线做好标记，然后用开孔器开孔，确保箱内管线一管一孔，排列整齐，布局合理。预制马凳备好待生产需要时使用，线管的绑扎、电箱的封堵等一定要严密结实。

5. 管路敷设与连接

管路必须敷设在上下层钢筋之间，与钢筋绑扎固定。连接包括管路与管路的连接和管路与线盒的连接两种情况。

1）管路与管路的连接：使用与管路配套的套管和专用黏结剂。连接前应先清除被连接管端的灰尘，保证黏接部位清洁干燥，用小毛刷涂抹胶黏剂，要均匀、不漏刷、不流坠。涂好后平稳地插入套管中，插接应到位。必要时可用力转动套管保证连接可靠，套管连接的管路应保持平直。

2）管路与线盒的连接：使用配套的盒接头和胶黏剂。首先根据线盒位置，截取适当长度的管路，管路长度不够时可根据 1）的连接方法进行连接使用。把盒接头的一端插入盒内，并用配套的锁母固定，保证连接可靠。

6. 管路的剪切

对于直径在 20 mm 以下的管路可以使用专用剪管器（割管器）进行剪切，注意不能使切断的管口发生变形，对于直径在 20 mm 以上的管路可以使用钢锯锯断，但必须用钢锉把管口内外的毛刺修整平齐，不能出现斜口，以避免接管时出现质量问题。

7. 管路的弯曲

对于直径在 25 mm 以下的管路，使用配套的弯管弹簧，首先将与管规格相配套的弯管弹簧插入需要煨弯的部位，如果管路长度大于弹簧长度可用铁丝拴牢弹簧的一端，并拉到合适的位置两手抓住弯管弹簧的两端位置，用膝盖顶住被弯曲部位，两端用力逐渐煨出所需要的弯度，注意不能用力过快或过猛，以免管路发生变形。

对于直径在 32 mm 以上的管路，使用弯管弹簧会有一定的困难，这时可以使用热煨法，首先将弯管弹簧插入管内，对规格较大的管路没有配套的弯管弹簧时，可以把细砂灌入管内并振实，堵好两端管口，用电炉或热风机对需要弯曲部位进行均匀加热，直至可以弯曲时将管子的一端固定在平整的木板上逐步煨出所需要的弯度，然后用湿布抹擦弯曲部位使其冷却定型。寒冷天气施工时可以把细砂炒热并把管路拿到室内预制。

8. 热熔连接操作

热熔器接通电源，到达温度指示灯亮后方能开始操作，切割管材必须使端面垂直于管轴线，管材切割一般使用专用管子剪，如果是大管径，则用锯条切割，切割后断面去除毛刺和毛边。

管格与管件连接端面必须清洁、干燥、无油，用卡尺和合适的笔在管端测量并标绘出热熔深度，热熔深度应符合规定。若环境温度小于 5℃，加热时间应延长 50%。熔接弯头或三通时，按设计图纸要求应注意其方向，在管件和管材的直线方向上，用辅助标志标出其位置。

9. 线盒下管线空间的预留

对于墙板线盒下方的管线预留空间，主要是采用磁吸模具的方法施工，将带有强力磁吸的相应尺寸的模具，放在经过精准定位的台模上便可完成。

（二）叠合板内线盒安装固定

1. 工艺流程

画定线盒位置→固定线盒→固定防水套筒→固定给排水管线预留空间模具。

2. 画定线盒位置

为了保证线盒位置的准确，首先应该根据设计图纸要求的灯具型号，计算出线盒位置，如普通座灯头吸顶安装、普通吊线灯安装，线盒应该安装在房间的中心，根据计算出的位置在模板上画出位置线，以免发生错误。线盒位置确定采用零点固定标尺测量法，根据图纸使用定位钢尺，进行准确定位，如图 6-8 所示。

图 6-8　线盒定位

3. 固定线盒

根据画出的位置线，将线盒与线盒磁铁模具用胶带进行固定，然后正确安放到画线位置。线盒接口必须封堵严密，以免灰浆渗入造成管路堵塞，如图 6-9 所示。

图 6-9　线盒固定

4. 固定防水套管

根据图纸精确量出防水套管的预留位置，套管内放入磁吸，磁吸上焊有螺丝杆，套管顶部采用压板螺母固定。

5. 固定给排水管线预留空间模具

根据图纸测量出给排水管的精确位置，采用磁吸法把磁吸放入相应的套筒内做好封堵并放在台模上。

四、拉结件安装固定

拉结件通常用于连接预制保温墙体内、外层混凝土墙板，传递墙板剪力，以使内外层墙板形成整体。

保温墙板的制作过程通常是先在模台上浇筑外叶墙板混凝土，在混凝土初凝前，安装中间保温层（保温板）和连接件，最后浇筑内叶墙板混凝土。在保温板和连接安装时应按以下方法进行。

1）保温板的安装应在外叶板混凝土浇筑振捣完成后，对混凝土表面用木抹抹平，确保表面平整后再进行。在混凝土未初凝且有一定的流动性时，将加工好的保温板依次安放好，使保温板与混凝土面充分接触，确保保温板表面平整。

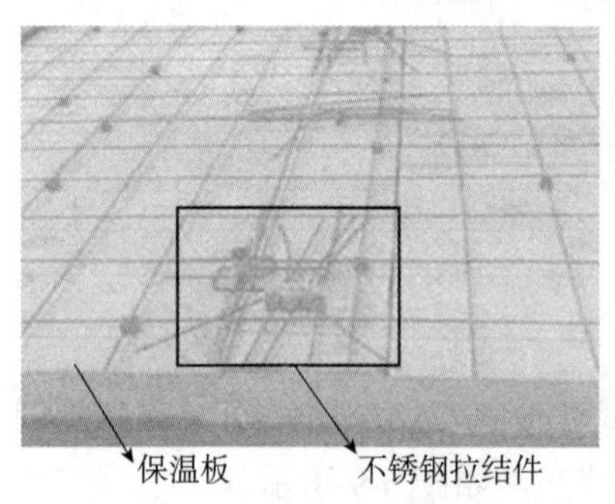

图 6-10 保温板、连接件的安装

2）采用玻璃纤维连接件时，需在铺设好的保温板上，按照连接件设计图中的数量及位置进行开孔，将连接件穿过孔洞，插入外叶板混凝土，旋转连接件并固定。如果采用套筒式、平板式、线型的钢制连接件，则根据需要，用裁纸刀在挤塑板上开缝或分块铺设保温板。在保温板安装完毕后，将条状板缝或圆形孔缝注塑封闭，确保无缝隙空洞。无论采用哪种连接工艺，均应保证安装位置的准确性，如图 6-10 所示。

五、支撑、吊装件安装固定

除特殊设计外，通常情况下各类型构件均需预埋支撑、吊装件。墙、柱类构件一般会同时预埋支撑、吊装件，梁、板类构件一般只预埋吊装件。支撑、吊装件种类及形式详见本书第四章第三节。

支撑、吊装件安装固定时应注意以下内容：

1）当用于临时支撑和吊装的预埋件带有螺丝牙时，其外露螺丝牙部分应先用黄油满涂，再用韧性纸或薄膜包裹保护，构件安装时进行剥除。

2）带丝牙的支撑件、吊装件宜采用带丝牙的磁性固定器进行固定，如图 6-11 所示。

3）无法采用磁性固定器固定的预埋件，应采用绑扎或焊接的方式与构件内钢筋连接牢固，如图 6-12 所示。

图 6-11 磁性固定器固定

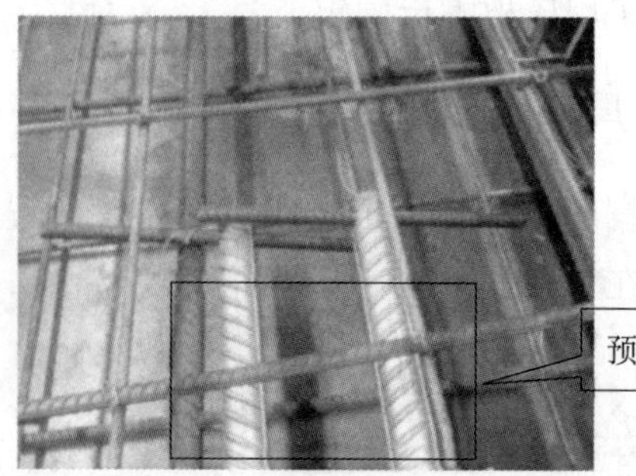

图 6-12 绑扎固定

第七章　预埋工程质量检查与验收

第一节　预埋件安装质量检查

一、预埋件检查

预埋件应严格按照设计给出的尺寸进行制作，制作后必须对所有预埋件的尺寸进行检查。预埋锚板、锚筋等预埋件加工允许偏差及检验方法见表 7-1。当采用成品预埋件，如灌浆套筒、吊件、拉结件、金属波纹管等，其质量检查应按本书第五章第一节的相关要求进行。

表 7-1　预埋件加工允许偏差及检验方法

项次	检查项目及内容		允许偏差/mm	检验方法
1	预埋件锚板的边长		0，−5	用钢尺量
2	预埋件锚板的平整度		1	用直尺和塞尺量
3	锚筋	长度	10，−5	用钢尺量
		间距偏差	±10	用钢尺量

二、模具预埋件、预留孔洞检查

构件上的预埋件和预留孔洞通过模具进行定位，并安装牢固。模具预埋件、预留孔洞位置的允许偏差及检验方法见表 7-2。

表 7-2　模具上预埋件、预留孔洞位置允许偏差及检验方法

项次	检查项目及内容		允许偏差/mm	检验方法
1	预埋钢板	中心线位置	3	用尺量测纵横两个方向的中心线位置，取其中较大值
		平面高差	±2	钢直尺和塞尺检查

续表

项次	检查项目及内容		允许偏差/mm	检验方法
2	预埋管、电线盒、电线管水平和垂直方向的中心线位置偏移、预留孔、浆锚搭接预留孔（或波纹管）		2	用尺量测纵横两个方向的中心线位置，取其中较大值
3	吊环	中心线位置	3	用尺量测纵横两个方向的中心线位置，取其中较大值
		外露长度	0，−5	用尺量测
4	预埋螺栓	中心线位置	2	用尺量测纵横两个方向的中心线位置，取其中较大值
		外露长度	+5，0	用尺量测
5	预埋螺母	中心线位置	2	用尺量测纵横两个方向的中心线位置，取其中较大值
		平面高差	±1	钢直尺和塞尺检查
6	预留洞	中心线位置	3	用尺量测纵横两个方向的中心线位置，取其中较大值
		尺寸	+3，0	用尺量测纵横两个方向尺寸，取其中较大值
7	灌浆套筒及连接钢筋	灌浆套筒中心线位置	1	用尺量测纵横两个方向尺寸，取其中较大值
		连接钢筋中心线位置	1	用尺量测纵横两个方向尺寸，取其中较大值
		连接钢筋外露长度	+5，0	用尺量测

三、构件成型后的预留、预埋检查

预制构件拆模完成后，应及时对预制构件上的预埋件和预留孔洞的位置进行检查。预埋件和预留孔洞的允许偏差及检验方法见表 7-3。

表 7-3　预埋件、预留孔洞的允许偏差及检验方法

项目		允许偏差/mm	检验方法
预留孔	中心线位置	5	用尺量测纵横两个方向的中心线位置，取其中较大值
	孔尺寸	±5	用尺量测纵横两个方向的中心线位置，取其最大值

续表

项目			允许偏差/mm	检验方法
预留洞	中心线位置		±5	用尺量测纵横两个方向的中心线位置，取其中较大值
	洞口尺寸、深度		±5	用尺量测纵横两个方向的中心线位置，取其最大值
预埋部件	预埋钢板	中心线位置偏移	5	用尺量测纵横两个方向的中心线位置，取其中较大值
		平面高差	0，−5	用尺紧靠在预埋件上，用楔形塞尺量测预埋件平面与混凝土面的最大缝隙
	预埋螺栓	中心线位置偏移	2	用尺量测纵横两个方向的中心线位置，取其中较大值
		外露长度	+10，−5	用尺量
	预埋套筒、螺母	中心线位置偏移	2	用尺量测纵横两个方向的中心线位置，取其中较大值
		平面高差	0，−5	用尺紧靠在预埋件上，用楔形塞尺量测预埋件平面与混凝土面的最大缝隙
	预埋线盒、电盒	在构件平面的水平方向中心位置偏差	10	用尺量
		与构件表面混凝土高差	0，−5	用尺量
预留插筋	中心线位置偏移		3	用尺量测纵横两个方向的中心线位置，取其中较大值
	外露长度		±5	用尺量
吊环	中心线位置偏移		10	用尺量测纵横两个方向的中心线位置，取其中较大值
	留出高度		0，−10	用尺量
灌浆套筒及连接钢筋	灌浆套筒中心线位置		2	用尺量测纵横两个方向的中心线位置，取其中较大值
	连接钢筋中心线位置		2	用尺量测纵横两个方向的中心线位置，取其中较大值
	连接钢筋外露长度		+10，0	用尺量
其他需要预先安装的部件	安装状况；种类、数量、位置、固定状况		/	与构件制作图对照与目视

第二节 预埋件安装工程验收程序

预制构件工厂的隐蔽工程验收，特别是流水线生产工艺的隐蔽工程验收与工地的隐蔽验收有较大的不同，工厂的隐蔽验收需要与流水作业同步进行。隐蔽验收应建立影像和书面验收档案，验收时应有监理在场。

隐蔽工程验收应在混凝土浇筑之前由专业质检人员进行，未经隐蔽工程验收不得进行混凝土浇筑作业，隐蔽工程验收的程序如图 7-1 所示。

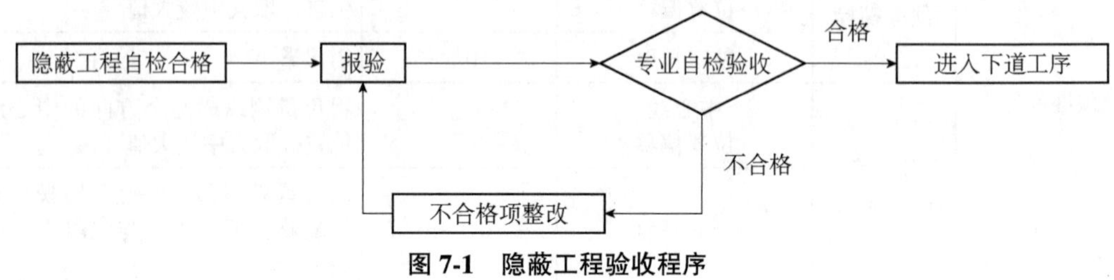

图 7-1 隐蔽工程验收程序

预制构件生产过程中应坚持操作人员自检、班组人员互检、专业质检验收的三级质量管理体系。应依据图纸和标准进行检查，并配备专业的检查工具。

一、自检

操作人员完成作业后，首先要进行质量自检，检查作业是否合格。

二、互检

上一道工序移交给下一道工序时，接收方要对前道工序的施工质量进行检查，并对检查结果进行记录及签字。

三、报检

生产班组负责人应将报检的预制构件型号、模台号、生产班组等信息告知专业质检员。

四、专业质检验收

专业质检员根据报检信息的验收内容和相关要求及时进行验收。

五、不合格项整改

如果存在不合格项，应进行整改，整改后再次进行验收，直至合格方可进入下道工序。

六、保存影像资料

验收合格后、浇筑混凝土前进行拍摄，并保存好影像资料。

第三节　常见问题及处理办法

装配式构件制作中预埋环节容易出现的质量问题、危害、原因和预防措施见表 7-4。

表 7-4　预埋环节常见质量问题一览表

环节	序号	问题	危害	原因	预防与处理措施
1 设计	1.1	套筒保护层不够	影响结构耐久性	先按现浇进行设计，再按装配式进行设计，拆分时没有考虑保护层问题	①装配式设计从项目设计开始时同步进行；②设计单位对装配式结构建筑的设计负全责，不能交由拆分设计单位或工程部门承担设计责任
	1.2	各专业预埋件、埋设物等没有设计到构件制作图中	现场后锚固或凿混凝土，影响结构安全	各专业设计协同不好	①建立以建筑设计师牵头的设计协同体系；②构件制作图进行专业会审；③应用 BIM 技术
	1.3	制作、吊运、施工环节需要的预埋件或预埋孔洞在构件设计中没有考虑	现场后锚固或凿混凝土，影响结构安全	设计时没有与制作、安装环节互动	在设计阶段，设计、制作、施工企业协同
	1.4	预制构件局部钢筋、预埋件、预埋物太密，导致混凝土无法浇筑	局部混凝土质量受到影响；预埋件锚固不牢，影响结构安全	设计协同不好	①建立以建筑设计师牵头的设计协同体系；②构件制作图进行专业会审；③应用 BIM 技术

续表

环节	序号	问题	危害	原因	预防与处理措施
2 预埋	2.1	套筒、灌浆料选用了不可靠的产品	影响结构耐久性	设计没有明确要求或没按照设计要求采购；不合理地降低成本	①设计应提出明确要求；②按设计要求采购；③套筒与灌浆料应采用同一生产厂家的产品；④工厂应进行试验验证
	2.2	夹芯保温板拉结件选用了不可靠产品	连接件损坏、保护层脱落造成安全事故，影响外墙板安全	设计没有明确要求或没按照设计要求采购；不合理地降低成本	①设计应提出明确要求；②按设计要求采购；③应采购经过试验及项目应用过的产品；④工厂应进行试验验证
	2.3	预埋螺母、螺栓选用了不可靠产品	脱模、转运、安装等过程存在安全隐患，容易造成安全事故或构件损坏	未选用专业厂家产品	①应由总包单位和工厂技术部门选择厂家；②采购有经验的、专业厂家的产品；③由工厂进行试验检验
	2.4	套筒、浆锚孔、钢筋预留孔、预埋件位置误差	构件无法安装，形同废品	模具定位有问题，构件制作时检查人员和制作工人未及时发现	制作工人和质检员应严格检查
	2.5	套筒、浆锚孔、钢筋预留孔不垂直	构件无法安装，形同废品	模具定位有问题，构件制作时检查人员和制作工人未及时发现	制作工人和质检员应严格检查
	2.6	夹芯保温板连接件处空隙太大	造成冷桥现象	安装保温板工人不细心	安装时安装工人和质检人员应严格检查

第八章　拓展知识

第一节　建筑业10项新技术——装配式混凝土结构技术

一、装配式混凝土剪力墙结构技术

（一）技术内容

装配式混凝土剪力墙结构是指全部或部分采用预制墙板构件，通过可靠的连接方式后使浇混凝土、水泥基灌浆料形成整体的混凝土剪力墙结构。这是近年来在我国应用最多、发展最快的装配式混凝土结构技术。

国内的装配式剪力墙结构体系主要包括以下两种。

1. 高层装配整体式剪力墙结构

该体系中，部分或全部剪力墙采用预制构件，预制剪力墙之间的竖向接缝一般位于结构边缘构件部位，该部位采用现浇方式与预制墙板形成整体，预制墙板的水平钢筋在后浇部位实现可靠连接或锚固；预制剪力墙水平接缝位于楼面标高处，水平接缝处钢筋可采用套筒灌浆连接、浆锚搭接连接或在底部预留后浇区内进行搭接连接的形式。在每层楼面处设置水平后浇带并配置连续纵向钢筋，在屋面处设置封闭后浇圈梁。采用叠合楼板及预制楼梯、预制或叠合阳台板。该结构体系主要用于高层住宅，整体受力性能与现浇剪力墙结构相同，按“等同现浇”设计原则进行设计。

2. 多层装配式剪力墙结构

与高层装配整体式剪力墙结构相比，结构计算可采用弹性方法进行，并可根据实际情况建立分析模型，以建立适用于装配特点的计算与分析方法。在构造连接措施方面，边缘构件设置及水平接缝的连接均有所简化，降低了剪力墙及边缘构件配筋率、配箍率要求，允许采用预制楼盖和干式连接的做法。

（二）技术指标

高层装配整体式剪力墙结构和多层装配式剪力墙结构的设计应符合《装配式混凝土结构技术规程》（JGJ 1—2014）和《装配式混凝土建筑技术标准》（GB/T 51231—2016）中将装配整体式剪力墙结构的最大适用高度与现浇结构相比适当降低。装配整体式剪力墙结构的高宽比限值，与现浇结构基本一致。

作为混凝土结构的一种类型，装配式混凝土剪力墙结构在设计和施工中应该符合《混凝土结构设计规范》（GB 50010—2010）、《混凝土结构施工规范》（GB 50666—2011）、《混凝土结构工程施工质量验收规范》（GB 50204—2015）中各项基本规定；若房屋层数为 10 层及 10 层以上的或者高度大于 28 m 的，还应该参照《高层建筑混凝土结构技术规程》（JGJ 3—2010）中关于剪力墙结构的一般规定。

针对装配式混凝土剪力墙结构的特点，结构设计中还应该注意以下基本要求：

应采取有效措施加强结构的整体性。装配整体式剪力墙结构是在选用可靠的预制构件受力钢筋连接技术的基础上，采用预制构件与后浇混凝土相结合的方法，通过连接节点的合理构造，将预制构件连接成一个整体，保证其具有与现浇混凝土结构基本等同的承载能力和变形能力，达到与现浇混凝土结构等同的设计目标。其整体性主要体现在预制构件之间、预制构件与后浇混凝土之间的连接节点上，包括接缝混凝土粗糙面及键槽的处理、钢筋连接锚固技术、各类附加钢筋、构造钢筋的使用等。

装配式混凝土结构的材料宜采用高强钢筋与适宜的高强混凝土。预制构件在工厂生产，可进行蒸汽养护，对于混凝土的强度、抗冻性及耐久性有显著提升，方便高强混凝土技术的使用，且可以提早脱模提高生产效率；采用高强混凝土可以减小构件截面尺寸，便于运输吊装。采用高强钢筋，可以减少钢筋数量，简化连接节点，便于施工，降低成本。

装配式结构的节点和接缝应受力明确、构造可靠，一般采用经过充分的力学性能试验研究、施工工艺试验和实际工程检验的节点。节点和接缝的承载力、延性和耐久性等一般通过对构造、施工工艺进行严格要求来满足，必要时单独对节点和接缝的承载力进行验算。若采用相关标准、图集中均未提及的新型节点连接构造，应进行必要的技术研究与试验验证。

装配整体式剪力墙结构中预制构件合理的接缝位置、尺寸及形状设计是十分重要的，应以模数化、标准化为设计工作基本原则。接缝对建筑功能、建筑平立面、结构受力状况、预制构件承载能力、制作安装、工程造价等都会产生一定的影响。设计时应满足建筑模数协调、建筑物理性能、结构和预制构件的承载能力、便于施工和进行质量控制等多项要求。

（三）适用范围

适用于抗震设防烈度为 6～8 度的地区，装配整体式剪力墙结构可用于高层居住建筑，多层装配式剪力墙结构可用于低层、多层居住建筑。

二、装配式混凝土框架结构技术

（一）技术内容

装配式混凝土框架结构包括装配整体式混凝土框架结构及其他装配式混凝土框架结构。装配整体式混凝土框架结构是指全部或部分框架梁、柱采用预制构件通过可靠的连接方式装配而成，连接节点处采用现场后浇混凝土、水泥基灌浆料等方式将构件连成整体的混凝土结构。其他装配式框架是指各类干式连接的框架结构，主要与剪力墙、抗震支撑等配合使用。

装配整体式框架结构可采用与现浇混凝土框架结构相同的方法进行结构分析，其承载力极限状态及正常使用极限状态的作用效应可采用弹性分析法确定。在结构内力与位移计算时，对现浇楼盖和叠合楼盖，均可假定楼盖在其平面为无限刚性。装配整体式框架结构构件和节点的设计均可按与现浇混凝土框架结构相同的方法进行，此外，应对叠合梁端竖向接缝、预制柱柱底水平接缝部位进行受剪承载力验算，并对预制构件在短暂设计状况下进行验算，同时，应通过合理的结构布置，避免预制柱的水平接缝产生拉力。

装配整体式框架主要包括框架节点后浇和框架节点预制两大类：框架节点后浇构件在梁柱节点处通过后浇混凝土连接，预制构件为一字形；而框架节点预制的连接节点位于框架柱、框架梁中部，预制构件有十字形、T 形、一字形等形状且包含节点，由于预制框架节点制作、运输、现场安装难度较大，现阶段工程较少采用。

装配整体式框架结构连接节点设计时，应合理确定梁和柱的截面尺寸以及钢筋的数量、间距和位置等，钢筋的锚固与连接应符合国家现行标准相关规定，并考虑构件钢筋的碰撞问题以及构件的安装顺序，确保装配式结构的易施工性。装配整体式框架结构中，预制柱的纵向钢筋可采用套筒灌浆、机械冷挤压等连接方式。当梁柱节点现浇时，叠合框架梁纵向受力钢筋应伸入后浇节点区锚固或连接，其下部的纵向受力钢筋也可伸至节点区外的后浇段内进行连接。当叠合框架梁对接连接时，梁下部纵向钢筋在后浇段内宜采用机械连接、套筒灌浆连接或焊接等连接形式。叠合框架梁的箍筋可采用整体封闭或组合封闭的形式。

（二）技术指标

装配式框架结构的构件及结构的安全性与质量应满足《装配式混凝土结构技术规程》（JGJ 1—2014）、《装配式混凝土建筑技术标准》（GB/T 51231—2016）、《混凝土结构设计规范（2015 年版）》（GB 50010—2010）、《混凝土结构工程施工规范》（GB 50666—2011）、《混凝土结构工程施工质量验收规范》（GB 50204—2015）以及《预制预应力混凝土装配整体式框架结构技术规程》（JGJ 224—2010）等的有关规定。当采用钢筋机械连接技术时，应符合《钢筋机械连接应用技术规程》(JGJ 107—2016) 的规定；当采用钢筋套筒灌浆连接技术时，应符合《钢筋套筒灌浆连接应用技术规程》(JGJ 355—2015) 的规定；当钢筋采用锚固板的方式锚固时，应符合《钢筋锚固板应用技术规程》(JGJ 256—2011) 的规定。

装配整体式框架结构的关键技术指标如下：

1）装配整体式框架结构房屋的最大适用高度与现浇混凝土框架结构适用高度基本相同。

2）装配式混凝土框架结构宜采用高强混凝土、高强钢筋，框架梁和框架柱的纵向钢筋尽量选用大直径钢筋，以减少钢筋数量，拉大钢筋间距，有利于提高装配施工效率，保证施工质量，降低成本。

3）当房屋高度大于 12 m 或层数超过 3 层时，预制柱宜采用套筒灌浆连接，包括全灌浆套筒和半灌浆套筒。矩形预制柱截面宽度或圆形预制柱直径不宜小于 400 mm，且不宜小于同方向梁宽的 1.5 倍；预制柱的纵向钢筋在柱底采用套筒灌浆连接时，柱箍筋加密区长度不应小于纵向受力钢筋连接区域长度与 500 mm 之和；当纵向钢筋的混凝土保护层厚度大于 50 mm 时，宜采取增设钢筋网片等措施控制裂缝宽度以及防止受力过程中的混凝土保护层剥离脱落。当采用叠合框架梁时，后浇混凝土叠合层厚度不宜小于 150 mm，抗震等级为一级、二级叠合框架梁的梁端箍筋加密区宜采用整体封闭箍筋。

4）采用预制柱及叠合梁的装配整体式框架时，柱底接缝宜设置在楼面标高处，且后浇节点区混凝土上表面应设置粗糙面。柱纵向受力钢筋应贯穿后浇节点区，柱底接缝厚度为 20 mm，并应用灌浆料填实。装配式框架节点包括中间层中节点、中间层端节点、顶层中节点和顶层端节点，框架梁和框架柱的纵向钢筋的锚固和连接可采用与现浇框架结构节点相同的方式，对于顶层端节点还可采用柱伸出屋面并将柱纵向受力钢筋锚固在伸出段内的方式。

（三）适用范围

装配整体式混凝土框架结构可用于 6～8 度抗震设防地区的公共建筑、居住建筑以及工业建筑。除 8 度抗震地区（0.3 g）外，装配整体式混凝土结构房屋的最大适用高度与现浇混凝土结构相同。其他装配式混凝土框架结构，主要适用于各类低层和多层居住、公共与工业建筑。

三、混凝土叠合楼板技术

（一）技术内容

混凝土叠合楼板技术将楼板沿厚度方向分成两部分，底部是预制底板，上部是后浇混凝土叠合层。底部配置钢筋的预制底板作为楼板的一部分，在施工阶段作为后浇混凝土叠合层的模板承受荷载，与后浇混凝土层形成整体的叠合混凝土构件。

混凝土叠合楼板按具体受力状态，分为单向受力叠合板和双向受力叠合板；预制底板按有无外伸钢筋可分为“有胡子筋”和“无胡子筋”；拼缝按照连接方式可分为分离式接缝（即底板间不拉开的“密拼”）和整体式接缝（底板间有后浇混凝土带）。

预制底板按照受力钢筋种类可以分为预制混凝土底板和预制预应力混凝土底板：预制混凝土底板采用非预应力钢筋时，为了增强刚度目前多采用桁架钢筋混凝土底板；预制预应力混凝土底板分为预应力混凝土平板和预应力混凝土带肋板、预应力混凝土空心板。

跨度大于 3 m 时预制底板宜采用桁架钢筋混凝土底板或预应力混凝土平板，跨度大于 6 m 时预制底板宜采用预应力混凝土带肋底板、预应力混凝土空心板，叠合楼板厚度大于 180 mm 时宜采用预应力混凝土空心叠合板。

保证叠合面上下两侧混凝土共同承载、协调受力是预制混凝土叠合楼板设计的关键，一般通过叠合面的粗糙度以及界面抗剪构造钢筋实现。

施工阶段是否设置可靠支撑决定了叠合板设计的计算方法。设置可靠支撑的叠合板，预制构件在后浇混凝土重量及施工荷载下，不会发生影响内力的变形，按整体受弯构件进行计算；无支撑的叠合板，二次成形浇筑混凝土的重量及施工荷载影响了构件的内力和变形，应按二阶段受力的叠合构件进行计算。

（二）技术指标

1）预制混凝土叠合楼板的设计及构造应符合《混凝土结构设计规范（2015 年版）》（GB 50010—2010）、《装配式混凝土结构技术规程》（JGJ 1—2014）、《装配式混凝土建筑技术标准》（GB/T 51231—2016）的相关要求；预制底板制作、施工及短暂设计应符合《混凝土结构工程施工规范》（GB 50666—2011）的相关要求；施工验收应符合《混凝土结构工程施工质量验收规范》（GB 50204—2015）的相关要求。

2）相关国家建筑标准设计图集包括《桁架钢筋混凝土叠合板（60 mm 厚底板）》（15G366—1）、《预制带肋底板混凝土叠合楼板》（14G443）、《预应力混凝土叠合板（50 mm、60 mm 实心底板）》（06SG439—1）。

3）预制混凝土底板的混凝土强度等级不宜低于 C30；预制预应力混凝土底板的混凝土强度等级不宜低于 C40；后浇混凝土叠合层的混凝土强度等级不宜低于 C25。

4）预制底板厚度不宜小于 60 mm，后浇混凝土叠合层厚度不应小于 60 mm。

5）预制底板和后浇混凝土叠合层之间的结合面应设置成粗糙面，其面积不宜小于结合面的 80%，凹凸深度不应小于 4 mm；桁架钢筋的预制底板设置自然粗糙面即可。

6）预制底板跨度大于 4 m，或用于悬挑板及相邻悬挑板上部纵向钢筋在悬挑层内锚固时，应设置桁架钢筋或设置其他形式的抗剪构造钢筋。

7）预制底板采用预制预应力底板时，应采取控制反拱的可靠措施。

（三）适用范围

适用于各类房屋中的楼盖结构，特别适用于住宅及各类公共建筑。

四、预制混凝土外墙挂板技术

（一）技术内容

预制混凝土外墙挂板是安装在主体结构上起围护、装饰作用的非承重预制混凝土外墙板，简称外墙挂板。外墙挂板按构件构造可分为钢筋混凝土外墙挂板、预应力混凝土外墙挂板两种形式；按与主体结构连接节点构造可分为点支承连接、线支承连接两种形式；按保温形式可分为无保温、外保温、夹心保温三种；按建筑外墙功能定位可分为围护墙板和装饰墙板。各类外墙挂板可根据工程需要与外装饰、保温、门窗结合形成一体化预制墙板系统。

预制混凝土外墙挂板可采用面砖饰面、石材饰面、彩色混凝土饰面、清水混凝土饰面、露骨料混凝土饰面及表面带装饰图案的混凝土饰面等类型，可使建筑外墙具有独特的表现力。

预制混凝土外墙挂板在工厂采用工业化方式生产，具有施工速度快、质量好、维修费用低的优点，主要包括预制混凝土外墙挂板（建筑和结构）设计技术、预制混凝土外墙挂板加工制作技术和预制混凝土外墙挂板安装施工技术。

（二）技术指标

支承预制混凝土外墙挂板的结构构件应具有足够的承载力和刚度，民用外墙挂板仅限跨越一个层高和一个开间，厚度不宜小于 100 mm，混凝土强度等级不低于 C25，主要技术指标如下：

1）结构性能应满足《混凝土结构设计规范（2015 年版）》（GB 50010—2010）和《混凝土结构工程施工质量验收规范》（GB 50204—2015）的要求；

2）装饰性能应满足《建筑装饰装修工程质量验收标准》（GB 50210—2018）的要求；

3）保温隔热性能应满足设计及《严寒和寒冷地区居住建筑节能设计标准》（JGJ 26—2018）的要求；

4）抗震性能应满足《装配式混凝土结构技术规程》（JGJ 1—2014）、《装配式混凝土建筑技术标准》（GB/T 51231—2016）的要求。与主体结构以柔性节点连接，结构层间变位性能好，抗震设防烈度可达 8 度。

5）构件燃烧性能及耐火极限应满足《建筑防火设计规范（2018 年版）》（GB 50016—2014）的要求。

6）作为建筑围护结构产品，其定位应与主体结构的耐久性要求一致，即不应低于 50

年使用年限，饰面装饰（涂料除外）及预埋件、连接件等配套材料耐久性使用年限不低于 50 年，其他如防水材料、涂料等应采用 10 年质保期以上的材料，定期维护和更换。

7）外墙挂板防水性能与有关构造应符合国家现行有关标准的规定，并符合《建筑业 10 项新技术》第 8.6 节有关规定。

（三）适用范围

预制混凝土外挂墙板适用于工业与民用建筑的外墙工程，可广泛应用于混凝土框架结构、钢结构的公共建筑、住宅建筑和工业建筑中。

五、夹心保温墙板技术

（一）技术内容

三明治夹心保温墙板（简称“夹心保温墙板”）是把保温材料夹在两层混凝土墙板（内叶墙、外叶墙）之间形成的复合墙板，可达到增强外墙保温节能性能、减小外墙火灾危险、提高墙板保温寿命，从而减少外墙维护费用的目的。夹心保温墙板一般由内叶墙、保温板、拉结件和外叶墙组成，形成类似于三明治的构造形式，内叶墙和外叶墙一般为钢筋混凝土材料，保温板一般为 B1 或 B2 级有机保温材料，拉结件一般为高强度 FRP 复合材料或不锈钢材质。夹心保温墙板可广泛应用于预制墙板或现浇墙体中，但预制混凝土外墙更适合采用夹心保温墙板技术。

根据夹心保温外墙的受力特点，可分为非组合夹心保温外墙、组合夹心保温外墙和部分组合夹心保温外墙。其中，非组合夹心保温外墙内外叶混凝土受力相互独立，易于计算和设计，适用于各种高层建筑的剪力墙和围护墙；组合夹心保温外墙的内外叶混凝土需要共同受力，一般只适用于单层建筑的承重外墙或作为围护墙；部分组合夹心保温外墙的受力介于组合和非组合之间，受力非常复杂，计算和设计难度较大，其应用方法及范围有待进一步研究。

非组合夹心墙板一般由内叶墙承受所有的荷载作用，外叶墙起到保温材料的保护层作用，两层混凝土之间可以产生微小的相互滑移，保温拉结件对外叶墙的平面内变形约束较小，可以释放外叶墙在温差作用下产生的温度应力，从而避免外叶墙在温度作用下开裂，使得外叶墙、保温板与内叶墙和结构同寿命。我国装配混凝土结构预制外墙主要采用非组合夹心墙板。

夹心保温墙板中的保温拉结件布置应综合考虑墙板生产、施工和正常使用工况下的受力限度和变形影响。

（二）技术指标

夹心保温墙板的设计应该与建筑结构同寿命，墙板中的保温拉结件应具有足够的承载力和变形性能。非组合夹心墙板应遵循外叶墙混凝土在温差变化作用下能够释放温度应力，与内叶墙之间能够形成微小的自由滑移的设计原则。

非组合夹心保温外墙的拉结件在与混凝土共同工作时，承载力安全系数应满足以下要求：对于抗震设防烈度为7度和8度的地区，考虑地震组合时安全系数不小于3.0，不考虑地震组合时安全系数不小于4.0；对于9度及以上地区，必须考虑地震组合，承载力安全系数不小于3.0。

非组合夹心保温墙板的外叶墙在自重作用下垂直位移应控制在一定范围内，内、外叶墙之间不得有穿过保温层的混凝土连通桥。

夹心保温墙板的热工性能应满足节能要求，拉结件本身应满足力学、锚固及耐久等性能要求，拉结件的产品与设计应用应符合国家现行有关标准。

（三）适用范围

适用于高层及多层装配式剪力墙结构的外墙，高层及多层装配式框架结构非承重外墙挂板，高层及多层钢结构非承重外墙挂板等，可用于各类居住与公共建筑。

六、叠合剪力墙结构技术

（一）技术内容

叠合剪力墙结构是指采用两层带格构钢筋（桁架钢筋）的预制墙板，现场安装就位后，在两层板中间浇筑混凝土，辅以必要的现浇混凝土剪力墙、边缘构件、楼板，共同形成的结构。在工厂生产预制构件时，设置桁架钢筋，既可作为吊点，又增加平面外刚度，防止起吊时开裂。在使用阶段，桁架钢筋作为连接墙板的两层预制片与二次浇筑夹心混凝土之间的拉接筋，可提高结构整体性能和抗剪性能，这种连接方式区别于其他装配式结构体系，板与板之间无拼缝，无须做拼缝处理，防水性好。

利用信息技术，将叠合式墙板和叠合式楼板的生产图纸转化为数据格式文件，直接传输到工厂主控系统读取相关数据，并通过全自动流水线，辅以机械支模手进行构件生产，所需人工少，生产效率高，构件精度达毫米级。同时，构件形状可自由变化，在一定程度上解决了“模数化限制”的问题，突破了个性化设计与工业化生产的矛盾。

（二）技术指标

叠合剪力墙结构采用与现浇剪力墙结构相同的方法进行结构分析与设计，其主要力学技术指标与现浇混凝土结构相同，但当同一层内既有预制又有现浇抗侧力构件时，宜对现浇水平抗侧力构件在地震作用下的弯矩和剪力乘以不小于1.1的增大系数以应对地震状况。高层叠合剪力墙结构其建筑高度、规则性、结构类型应满足《装配式混凝土建筑技术标准》（GB/T 51231—2016）等规范标准要求。

结构与构件的设计应满足《建筑结构荷载规范》（GB 50009—2012）、《建筑抗震设计规范（附条文说明）（2016年版）》（GB 50011—2010）、《混凝土结构设计规范（2015

年版）》（GB 50010—2010）和《装配式混凝土建筑技术标准》（GB/T 51231—2016）等的要求。

（三）适用范围

适用于抗震设防烈度为6～8度的多层、高层建筑，包含工业与民用建筑。除了地上，本技术结构体系具有良好的整体性和防水性能，还适用于地下工程，包含地下室、地下车库、地下综合管廊等。

七、预制预应力混凝土构件技术

（一）技术内容

预制预应力混凝土构件是指通过工厂生产并采用先张预应力技术的各类水平和竖向构件，主要包括预制预应力混凝土空心板、预制预应力混凝土双T板、预制预应力梁及预制预应力墙板等。各类预制预应力水平构件可形成装配式或装配整体式楼盖，空心板、双T板可不设后浇混凝土层，也可根据使用要求与结构受力要求设置后浇混凝土层。预制预应力梁可为叠合梁，也可为非叠合梁。预制预应力墙板可应用于各类公共建筑与工业建筑中。

预制预应力混凝土构件的优势在于采用高强预应力钢丝、钢绞线，可以节约钢筋和混凝土用量，并降低楼盖结构高度，施工阶段普遍不设支撑从而节约支模费用，综合经济效益显著。预制预应力混凝土构件组成的楼盖具有承载能力大、整体性好、抗裂度高等优点，完全符合“四节一环保”的绿色施工标准以及建筑工业化的发展要求。预制预应力技术可增加墙板的长度，有利于实现多层一墙板。

（二）技术指标

1）预应力混凝土空心板的标志宽度为1.2 m，也有0.6 m、0.9 m等其他宽度；标准板高100 mm、120 mm、150 mm、180 mm、200 mm、250 mm、300 mm、380 mm等；不同截面高度能够满足的板轴跨度为3～18 m。

2）预应力混凝土双T板包括双T坡板和双T平板，坡板的标志宽度为2.4 m、3.0 m等，坡板的标志跨度为9 m、12 m、15 m、18 m、21 m、24 m等；平板的标志宽度为2.0 m、2.4 m、3.0 m等，平板的标志跨度为9 m、12 m、15 m、18 m、21 m、24 m等。

3）预应力混凝土梁跨度根据工程确定，在工业建筑中多为6 m、7.5 m、9 m。

4）预应力混凝土墙板多为固定宽度（1.5 m、2.0 m、3.0 m等），长度根据柱距或层高确定。

根据工程需要，也可采用非标跨度、宽度的构件，采用单独设计的方法即可。

预制预应力混凝土板的生产、安装、施工应满足《混凝土结构设计规范（2015年版）》（GB 50010—2010）、《混凝土结构工程施工质量验收规范》（GB 50204—2015）、《装配式混凝土结构技术规程》（JGJ 1—2014）的有关规定。工程应用可执行《预应力混凝土圆孔板》（03SG435—1～2）、《SP预应力空心板》（05SG408）、《预应力混凝土双T板（坡板宽度2.4 m、3.0 m；平板宽度2.0 m、2.4 m、3.0 m）（18G432—1）、《大跨度预应力空心板（跨度4.2～18.0 m）》（13G440）等国家建筑标准设计图集，直接选用预制构件，也可根据工程情况单独设计。

（三）适用范围

广泛适用于各类工业与民用建筑中。预应力混凝土空心板可用于混凝土结构、钢结构建筑中的楼盖与外墙挂板，预应力混凝土双T板多用于公共建筑、工业建筑的楼盖、屋盖，其中双T坡板仅用于屋盖，9 m以内跨度楼盖可采用预应力空心板（SP板）+后浇叠合层的叠合楼盖，9 m以内的超重载及9 m以上的楼盖，采用预应力混凝土双T板+后浇叠合层的叠合楼盖。预制预应力梁截面可为矩形、花篮梁或L形、倒T形，便于与预应力混凝土双T板和空心板连接。

八、钢筋套筒灌浆连接技术

（一）技术内容

钢筋套筒灌浆连接技术是带肋钢筋插入内腔为凹凸表面的灌浆套筒，通过向套筒与钢筋的间隙灌注专用高强水泥基灌浆料，灌浆料凝固后将钢筋锚固在套筒内将预制构件用钢筋连接。该技术将灌浆套筒预埋在混凝土构件内，在安装现场从预制构件外通过注浆管将灌浆料注入套筒，来完成预制构件钢筋的连接，是预制构件中受力钢筋连接的主要形式，主要用于各种装配整体式混凝土结构的受力钢筋连接。

钢筋套筒灌浆连接接头由钢筋、灌浆套筒、灌浆料三种材料组成，其中灌浆套筒分为半灌浆套筒和全灌浆套筒，半灌浆套筒的接头一端为灌浆连接，另一端为机械连接。

钢筋套筒灌浆连接施工流程主要包括：预制构件在工厂完成套筒与钢筋的连接、套筒在模板上的安装固定和进出浆管道与套筒的连接，在建筑施工现场完成构件安装、灌浆腔密封、灌浆料加水拌合及套筒灌浆。

竖向预制构件的受力钢筋连接可采用半灌浆套筒或全灌浆套筒。构件宜采用连通腔灌浆方式，并合理划分联通腔区域。构件也可采用单个套筒独立灌浆，构件就位前水平缝处应设置座浆层。套筒灌浆连接应用经接头型式检验确认的与套筒相匹配的灌浆料，使用与材料工艺配套的灌浆设备，以压力灌浆方式将灌浆料从套筒下方的进浆孔灌入，从套筒上方出浆孔流出，及时封堵进出浆孔，确保套筒内有效连接部位的灌浆料填充密实。

水平预制构件纵向受力钢筋在现浇带处连接可采用全灌浆套筒。套筒安装到位后，套筒注浆孔和出浆孔应位于套筒上方，使用单套筒灌浆专用工具或设备进行压力灌浆，灌浆料从套筒一端进浆孔注入，从另一端出浆口流出后，进浆孔、出浆孔接头内灌浆料浆面均应高于套筒外表面最高点。

套筒灌浆施工后，灌浆料同条件养护试件的抗压强度达到 35 MPa 后，方可进行对接头有扰动的后续施工。

（二）技术指标

钢筋套筒灌浆连接技术的应用须满足《装配式混凝土结构技术规程》（JGJ 1—2014）、《钢筋套筒灌浆连接应用技术规程》（JGJ 355—2015）和《装配式混凝土建筑技术标准》（GB/T 51231—2016）的相关规定。钢筋套筒灌浆连接的传力机理比传统机械连接更复杂，JGJ 355—2015 对钢筋套筒灌浆连接接头性能、型式检验、工艺检验、施工与验收等进行了专门要求。

灌浆套筒按加工方式分为铸造灌浆套筒和机械加工灌浆套筒。铸造灌浆套筒宜选用球墨铸铁，机械加工套筒宜选用优质碳素结构钢、低合金高强度结构钢、合金结构钢或其他经过接头型式检验的符合要求的钢材。

灌浆套筒的设计、生产和制造应符合《钢筋连接用灌浆套筒》（JG/T 398—2019）的相关规定，专用水泥基灌浆料应符合《钢筋连接用套筒灌浆料》（JG/T 408—2019）的各项要求。当采用其他材料的灌浆套筒时，套筒性能指标应符合有关产品的标准。

套筒材料主要性能指标：球墨铸铁灌浆套筒的抗拉强度≥550 MPa，断后伸长率≥5%，球化率≥85%；各类钢制灌浆套筒的抗拉强度≥600 MPa，屈服强度≥355 MPa，断后伸长率≥16%；其他材料套筒符合有关产品标准。

灌浆料主要性能指标：初始流动度≥300 mm，30 min 流动度≥260 mm，1 d 抗压强度≥35 MPa，28 d 抗压强度≥85 MPa。

套筒材料在满足断后伸长率等指标要求的情况下，可采用抗拉强度超过 600 MPa（如 900 MPa、1000 MPa）的材料，以减小套筒壁厚和外径尺寸，也可根据生产工艺采用其他强度的钢材。灌浆料在满足流动度等指标要求的情况下，可采用抗压强度超过 85 MPa（如 110 MPa、130 MPa）的材料，以便于连接大直径钢筋和高强钢筋并缩短灌浆套筒长度。

（三）适用范围

本技术适用于装配整体式混凝土结构中直径 12～40 mm 的 HRB 400、HRB 500 钢筋的连接，包括预制框架柱和预制梁的纵向受力钢筋、预制剪力墙竖向钢筋等的连接，也可用于既有结构改造现浇结构竖向及水平钢筋的连接。

九、装配式混凝土结构建筑信息模型应用技术

（一）技术内容

利用建筑信息模型（BIM）技术，实现装配式混凝土结构的设计、生产、运输、装配、运维的信息交互和共享，实现装配式建筑全过程一体化协同工作。应用BIM技术，装配式建筑、结构、机电、装饰装修全专业协同设计，实现建筑、结构、机电、装修一体化；设计BIM模型直接对接生产、施工，实现设计、生产、施工一体化。

（二）技术指标

建筑信息模型（BIM）技术指标主要有支撑全过程BIM平台技术、设计阶段模型精度、各类型部品部件参数化程度、构件标准化程度、设计直接对接工厂生产系统CAM技术，以及基于BIM与物联网技术的装配式施工现场信息管理平台技术。装配式混凝土结构设计应符合《装配式混凝土建筑技术标准》（GB/T 51231—2016）、《装配式混凝土结构技术规程》（JGJ 1—2014）和《混凝土结构设计规范（2015年版）》（GB 50010—2010）等的有关要求，也可选用《预制混凝土剪力墙外墙板》（15G365—1）、《预制钢筋混凝土阳台板、空调板及女儿墙》（15G368—1）等国家建筑标准设计图集进行参考。

除上述各项规定外，针对建筑信息模型技术的特点，装配式建筑全程使用BIM技术应用还应注意以下关键技术内容：

1）搭建模型时，应采用统一标准格式的各类型构件文件，且各类型构件文件应按照固定、规范的方式插入，放置在模型的合理位置。

2）预制构件排板设计阶段，应结合构件类型和尺寸，按照相关图集要求进行图纸排板、尺寸标注、辅助线段和文字说明，采用统一标准格式，并满足《建筑制图标准》（GB/T 50104—2010）和《建筑结构制图标准》（GB/T 50105—2010）的要求。

3）预制构件生产应设计BIM模型，采用“BIM+MES+CAM”技术，实现工厂自动化钢筋生产、构件加工；应用二维码技术、RFID芯片等可靠识别与管理技术及工厂生产管理系统，实现可追溯的全过程质量管控。

4）应用“BIM+物联网+GPS”技术，进行装配式预制构件运输过程追溯管理、施工现场可视化指导堆放、吊装等，实现装配式建筑可视化施工现场信息管理。

（三）适用范围

装配式剪力墙结构：预制混凝土剪力墙外墙板，预制混凝土剪力墙叠合板，预制钢筋混凝土阳台板、空调板及女儿墙等构件的深化设计、生产、运输与吊装。

装配式框架结构：预制框架柱、预制框架梁、预制叠合板、预制外挂板等构件的深化设计、生产、运输与吊装。

异形构件的深化设计、生产、运输与吊装。异形构件分为结构形式异形构件和非结

构形式异形构件，结构形式异形构件包括坡屋面、阳台等；非结构形式异形构件包括排水檐沟、建筑造型等。

十、预制构件工厂化生产加工技术

（一）技术内容

预制构件工厂化生产加工技术是采用自动化流水线、机组流水线、长线台座生产线生产标准定型预制构件并兼顾异形预制构件，采用固定台模线生产房屋建筑预制构件，满足预制构件的批量生产加工和集中供应要求的技术。

工厂化生产加工技术包括预制构件工厂规划设计、各类预制构件生产工艺设计、预制构件模具方案设计及其加工技术、钢筋制品机械化加工和成型技术、预制构件机械化成型技术、预制构件节能养护技术以及预制构件生产质量控制技术。

非预应力混凝土预制构件生产技术涵盖混凝土技术、钢筋技术、模具技术、预留预埋技术、浇筑成型技术、构件养护技术，以及吊运、存储和运输技术等，代表构件有桁架钢筋预制板、梁柱构件、剪力墙板构件等。预应力混凝土预制构件生产技术还涵盖先张法和后张有黏结预制构件的生产技术，除了建筑工程中使用的预应力圆孔板、双 T 板、屋面梁、屋架、屋面板等，还包括市政和公路领域的预制桥梁构件等，重点研究预应力生产工艺和质量控制技术。

（二）技术指标

工厂化科学管理、自动化智能生产使质量和品质得到保证和提高；构件外观尺寸加工精度可达±2 mm，混凝土强度标准差≤4.0 MPa，预留预埋尺寸精度可达±1 mm，保护层厚度控制偏差±3 mm，通过预应力和伸长值偏差控制保证预应力构件起拱满足设计要求并处于同一水平，构件承载力满足设计和规范要求。

预制构件的几何加工精度控制、混凝土强度控制、预埋件的精度、构件承载力性能、保护层厚度控制、预应力构件的预应力要求等应符合设计（包括标准图集）及有关标准的规定。

预制构件生产的效率指标、成本指标、能耗指标、环境指标和安全指标，应满足有关要求。

（三）适用范围

适用于建筑工程中各类钢筋混凝土和预应力混凝土预制构件。

第二节　信息化技术

一、基于智能化的装配式混凝土建筑产品生产与施工管理信息技术

（一）定义

智能化的装配式混凝土建筑产品生产与施工管理信息技术，是在装配式混凝土建筑产品生产和施工过程中，应用BIM、物联网、云计算、工业互联网、移动互联网等信息化技术，实现装配式混凝土建筑的工厂化生产、装配化施工、信息化管理。通过对装配式混凝土建筑产品生产过程中的深化设计、材料管理、产品制造环节进行管控，以及对施工过程中的产品进场管理、现场堆场管理、施工预拼装管理环节进行管控，实现生产过程和施工过程的信息共享，确保生产环节的产品质量和施工环节的效率，提高装配式混凝土建筑产品生产和施工管理的水平。

（二）技术内容

1. 建立协同工作机制，明确协同工作流程和成果交付内容，并建立与之相适应的生产、施工全过程管理信息平台，实现跨部门、跨阶段的信息共享。

2. 深化设计：依据设计图纸结合生产制造要求建立深化设计模型，并将模型交付制造环节。

3. 材料管理：利用物联网条码技术对物料进行统一标识，通过对材料“收、发、存、领、用、退”全过程的管理，实现可视化的仓储堆垛管理和多维度的质量追溯管理。

4. 产品制造：统一人员、工序、设备等的编码，按产品类型建立自动化生产线，对设备进行联网管理，能按工艺参数执行制造工艺，并反馈生产状态，实现生产状态的可视化管理。

5. 产品进场管理：利用物联网条码技术可实现产品质量的全过程追溯，可在BIM模型当中按产品批次查看产品进场进度，实现可视化管理。

6. 现场堆场管理：利用物联网条码技术对产品进行统一标识，合理利用现场堆场空间，实现产品堆垛管理的可视化。

7. 施工预拼装管理：利用BIM技术对产品进行预拼装模拟，减少并纠正拼装误差，提高装配效率。

（三）技术指标

1. 管理信息平台能对深化设计、材料管理、生产工序的情况进行集中管控，能在施工环节中利用生产环节的相关信息对产品生产质量进行监管，并能通过施工预拼装管理提高施工装配效率。

2. 在深化设计环节按照各专业（如预制混凝土、钢结构等）深化设计标准（要求）统一产品编码，采用专业深化设计软件开展深化设计工作，达到生产要求的设计深度，并向下游交付。

3. 在材料管理环节按照各专业（如预制混凝土、钢结构等）物料分类标准（要求）统一物料编码。进行材料“收、发、存、领、用、退”全过程信息化管理，应用物联网条码、RFID 条码等技术绑定材料和仓库库位，采用扫描枪、手机等移动设备实现现场条码信息的采集，依据材料仓库仿真地图实现材料堆垛可视化管理，通过对材料的生产厂家、尺寸外观、规格型号等多维度信息的管理，实现质量控制的可追溯。

4. 在产品制造环节按照各专业（如预制混凝土、钢结构等）生产标准（要求）统一人员、工序、设备等的编码。制造厂应用工业互联网建立网络传输体系，利用能支持到工序层级的设备，实现自动化的生产制造。

5. 采用 BIM 技术、计算机辅助工艺规划（CAPP）、工艺路线仿真等工具制作工艺文件，并将工艺参数通过制造厂工业物联网体系传输给对应设备（如将切割程序传输给切割设备），各工序的生产状态可通过人员报工、条码扫描或设备自动采集等手段进行采集上传。

6. 在产品进场管理环节应用物联网技术，采用扫描枪、手机等移动设备扫描产品条码、RFID 条码，将产品信息自动传输到管理信息平台，进行产品质量的可追溯管理。并可按照施工安装计划在 BIM 模型中直观查看各批次产品的进场状态，对项目进度进行管控。

7. 在现场堆场管理环节应用物联网条码、RFID 条码等技术绑定产品信息和产品库位信息，采用扫描枪、手机等移动设备实现现场条码信息的采集，依据产品仓库仿真地图实现产品堆垛可视化管理，合理利用现场堆场空间。

8. 在施工预拼装管理环节采用 BIM 技术对需要预拼装的产品进行虚拟预拼装分析，通过模型或者输出报表等方式查看拼装误差，在地面完成偏差调整，降低预拼装成本，提高装配效率。

9. 可采取云部署的方式，提高信息资源的利用率，降低信息资源的使用成本。

10. 应具备与相关信息系统集成的能力。

（四）应用范围

信息化技术可应用于装配式混凝土建筑产品生产过程中的深化设计、材料管理、产品制造环节，以及施工过程中的产品进场管理、现场堆场管理、施工预拼装管理环节。

二、基于BIM的现场施工管理信息技术

（一）定义

基于BIM的现场施工管理信息技术是指利用BIM技术，借助移动互联网技术实现施工现场可视化、虚拟化的协同管理。在施工阶段结合施工工艺及现场管理需求对设计阶段施工图模型进行信息添加、更新和完善，以得到满足施工需求的施工模型。依托标准化项目管理流程，结合移动应用技术，通过基于施工模型的深化设计，以及场布、施组、进度、材料、设备、质量、安全、竣工验收等管理应用，实现施工现场信息高效传递和实时共享，提高施工管理水平。

（二）技术内容

1. 深化设计：基于施工BIM模型并结合施工操作规范与施工工艺，进行建筑、结构、机电设备等专业的综合碰撞检查，解决各专业碰撞问题，完成施工优化设计，完善施工模型，提升施工各专业的合理性、准确性和可校核性。

2. 场布管理：基于施工BIM模型对施工各阶段的场地地形、既有设施、周边环境、施工区域、临时道路及设施、加工区域、材料堆场、临水临电、施工机械、安全文明施工设施等进行规划布置和分析优化，以实现场地布置的科学合理性。

3. 施组管理：基于施工BIM模型，结合施工工序、工艺等要求，进行施工过程的可视化模拟，并对方案进行分析和优化，提高方案审核的准确性，实现施工方案的可视化交底。

4. 进度管理：基于施工BIM模型，通过计划进度模型（可以通过Project等相关软件编制进度文件，生成进度模型）和实际进度模型的动态链接，将计划进度和实际进度进行对比，找出差异，分析原因，BIM 4D进度管理可以直观地实现对项目进度的虚拟控制与优化。

5. 材料、设备管理：基于施工BIM模型，可动态分配各种施工资源和设备，并输出相应的材料、设备需求信息，与材料、设备实际消耗信息进行比对，实现施工过程中材料、设备的有效控制。

6. 质量、安全管理：基于施工BIM模型，对工程质量、安全关键控制点进行模拟仿真以及方案优化。利用移动设备对现场工程质量、安全进行检查与验收，实现质量、安全管理的动态跟踪与记录。

7. 竣工管理：基于施工BIM模型，将竣工验收信息添加到模型，并按照竣工要求进行修正，进而形成竣工BIM模型，作为竣工资料的重要参考依据。

（三）技术指标

1. 基于BIM技术的设计模型，结合施工工艺及现场管理需求进行深化设计和调整，

形成施工 BIM 模型，实现 BIM 模型在设计与施工阶段的无缝衔接。

2. 运用的 BIM 技术应具备可视化、可模拟、可协调等能力，实现施工模型与施工阶段实际数据的关联，进行建筑、结构、机电设备等各专业在施工阶段的综合碰撞检查、分析和模拟。

3. 采用的 BIM 施工现场管理平台应具备角色管控、分级授权、流程管理、数据管理、模型展示等功能。

4. 通过物联网技术自动采集施工现场实际进度的相关信息，实现与项目计划进度的虚拟比对。

5. 利用移动设备，可即时采集图片、视频信息，并自动上传到 BIM 施工现场管理平台，责任人员在移动端即时得到整改通知、整改回复的提醒，实现质量管理任务在线分配、处理过程及时跟踪的闭环管理要求。

6. 运用 BIM 技术，实现危险源的可视标记、定位、查询分析。安全围栏、标识牌、遮拦网等需要进行安全防护和警示的地方在模型中进行标记，提醒现场施工人员安全施工。

7. 应具备可与其他系统集成的能力。

（四）应用范围

适用于装配式混凝土建筑工程项目施工阶段的深化、场布、施组、进度、材料、设备、质量、安全等业务管理环节的现场协同动态管理。

三、BIM 技术的应用

（一）BIM 技术的定义及应用范围

1. BIM 技术的定义

BIM（Building Information Model，建筑信息模型），是指在建设工程及设施全生命期内，对其物理和功能特性进行数字化表达，并依此设计、施工、运营的过程和结果的总称，简称模型。现阶段，国内常采用的主流建模软件有 Revit、Revit+Extensions、Navisworks，可实现建筑全专业的 BIM 设计、装配式混凝土构件拆分 BIM 设计、与主流结构计算软件对接、BIM 模型文件轻量化、钢筋 BIM 模型碰撞检查等功能。

2. BIM 技术的应用范围

BIM 技术可用于装配式混凝土建筑的设计、加工、运输及施工（图 8-1）。

1）设计。利用 BIM 技术可视化、模拟化特点辅助项目全过程的设计，解决构件设计过程中的错漏碰缺。

2）加工。利用 BIM 技术进行构件的精确建模，保证构件加工过程的高效性和准确性。

3）运输。利用 BIM 技术进行项目构件运输过程的追踪和场地布置的模拟。

4）施工。利用 BIM 技术模拟施工过程，提高施工效率，减少施工出错，辅助安全管理。

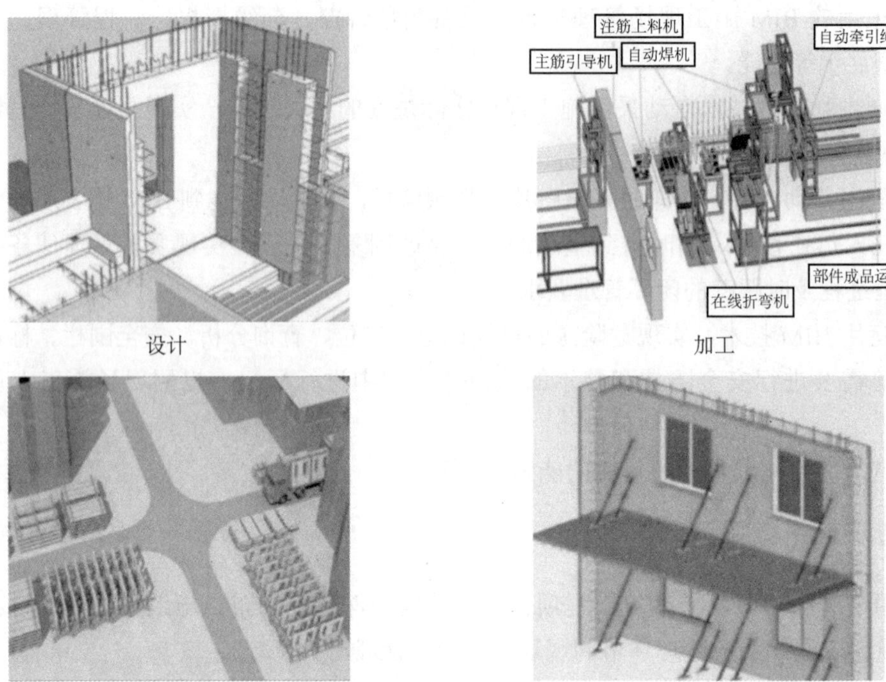

图 8-1 BIM 技术的应用

（二）BIM 技术在设计阶段的应用

1. 参数化建模

通过参数化驱动 BIM 模型，快速形成各种方案下的项目可视化情况。参数化建模的关键在于对构件信息（编号、结构参数、定位参数、尺寸参数等）和模型信息（空间、管线排布等）的把控（如图 8-2）。

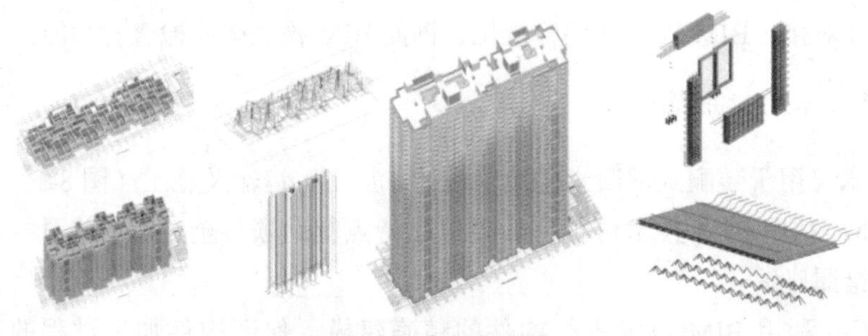

图 8-2 参数化建模

2. 三维协调

利用 BIM 可视化功能，进行各专业的错漏碰缺的核查，协助解决各专业外观、设计功能、安装检修等工作（图 8-3）。

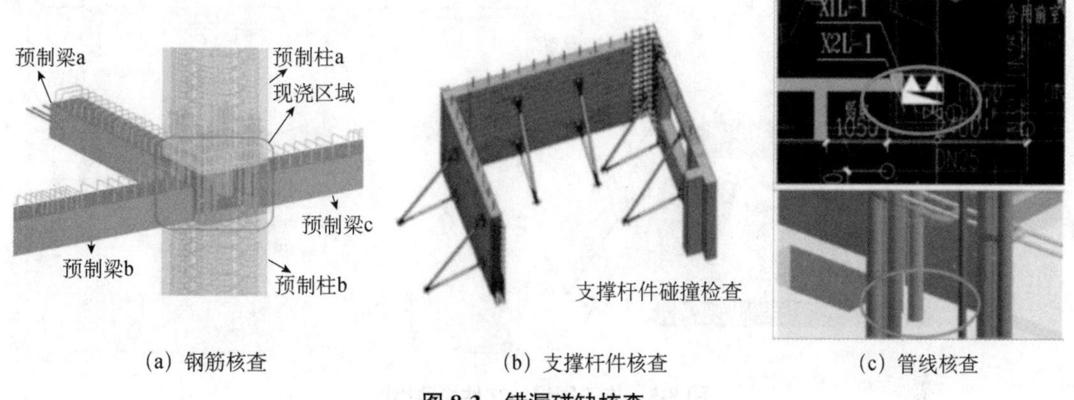

（a）钢筋核查　　（b）支撑杆件核查　　（c）管线核查

图 8-3　错漏碰缺核查

3. 构件连接节点深化设计

利用 BIM 可视化和参数化的特点，辅助项目重要连接节点的深入分析和推敲，快速形成各种方案，并和各项分析软件进行结合，多方位保证项目质量及安全（图 8-4）。

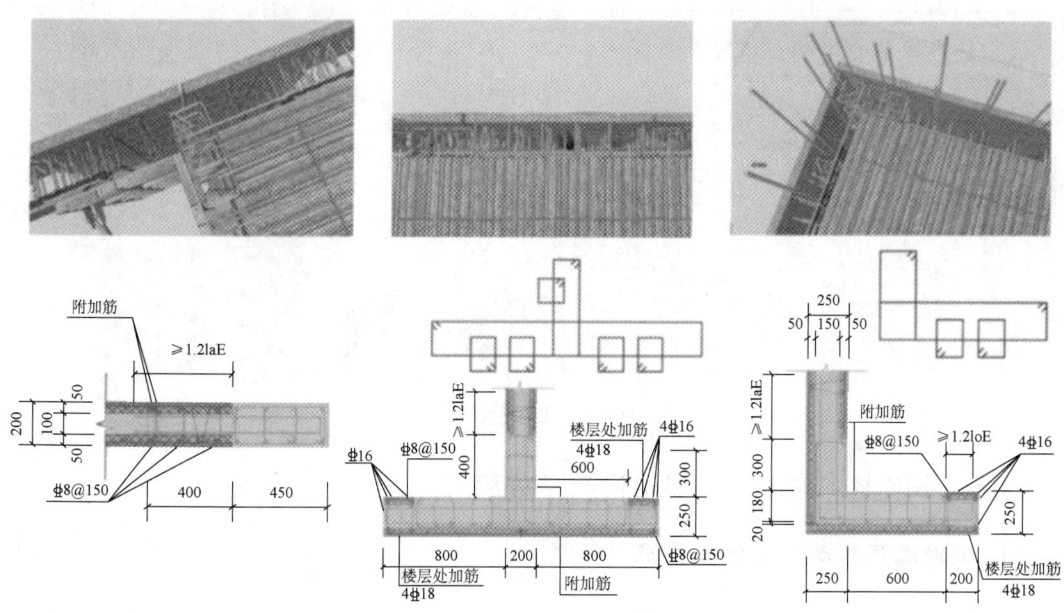

图 8-4　构件连接节点深化设计

4. 施工图设计文件快速出图

利用 BIM 可出图性，准确快速地辅助出具图纸，提高设计工作效率，利用 BIM 参数化特点，快速出具各种方案下的二维图纸（图 8-5）。

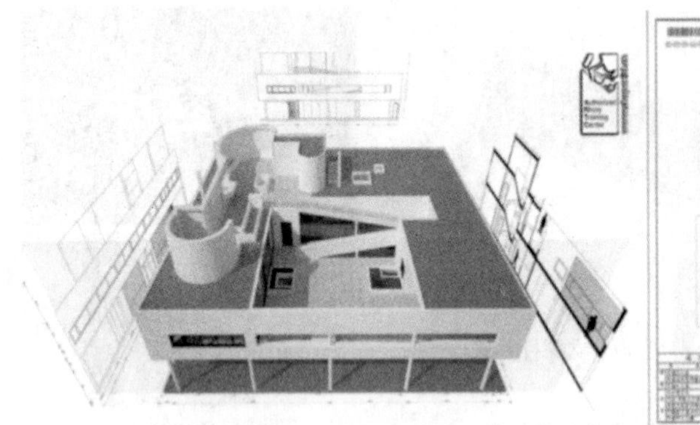

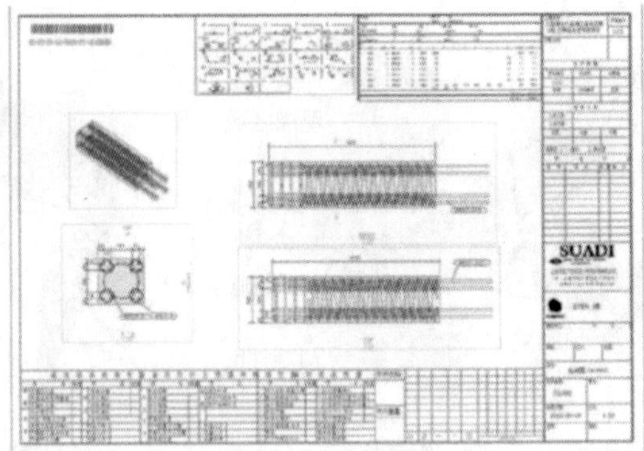

图 8-5　施工图设计文件快速出图

5. 工程量统计

利用 BIM 构件模型统计单个 BIM 构件真实工程量，乘以由 BIM 总体模型导出的 BIM 构件数量，可快速实现装配式混凝土结构构件的精确工程量统计（图 8-6）。

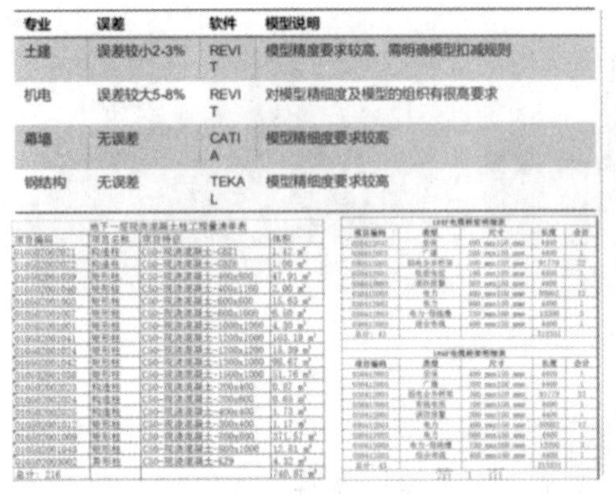

专业	误差	软件	模型说明
土建	误差较小2-3%	REVIT	模型精度要求较高，需明确模型扣减规则
机电	误差较大5-8%	REVIT	对模型精细度及模型的组织有很高要求
幕墙	无误差	CATIA	模型精细度要求较高
钢结构	无误差	TEKAL	模型精细度要求较高

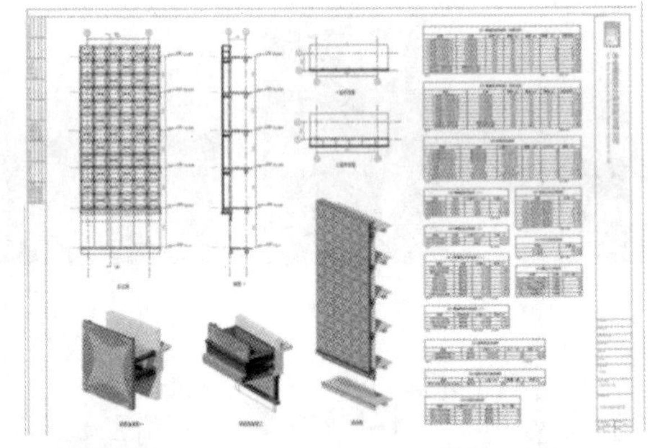

图 8-6　工程量统计

（三）BIM 技术在生产、运输阶段中的应用

1. 辅助工厂自动化生产与管理

通过数据转换，将设计阶段数据传递至加工厂，可实现自动生产，并辅助构件生产企业进行生产管理（图 8-7～图 8-8）。

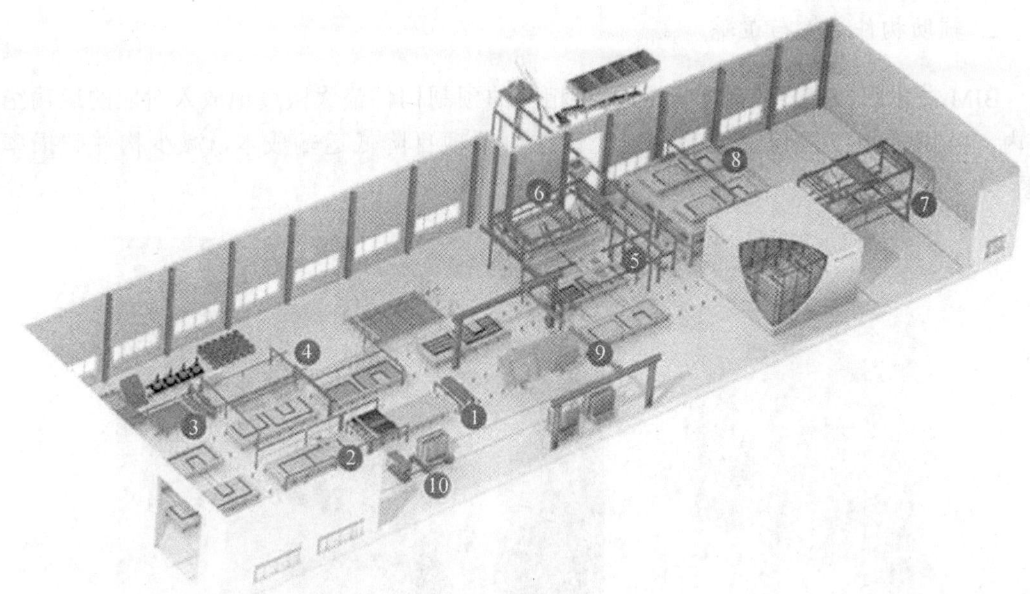

注：①—模板的清洁和脱模剂喷洒装置；②—标绘器和边模置放、拆卸机械手；③—钢筋网焊接设备；④—钢筋摆放机械手；⑤—混凝土喂料机和水泥密实装置；⑥—翻转装置；⑦—堆垛机；⑧—抹平装置；⑨—倾斜装置；⑩—预制件拖车

图 8-7　辅助生产厂进行自动化生产

构件位置			构件编号	构件类	设计状	加工状态		运输状态		施工状态		质检状态
楼栋	单元	楼层				计划	实际	计划	实际	计划	实际	
1#楼	1	1F	YZQ-01-01-01-01	预制墙	√	20150607 - 20150612	√	20150707 - 20150712	√	20150807 - 20170809	√	
	1	1F	DHB-01-10-01-01	叠合板	√							
	1	2F	YZQ-01-01-02-01	叠合板	√							
	1	2F	YZQ-01-01-02-01	叠合板	√							
	2	1F	YZQ-02-01-02-01	叠合板	√	20150807 - 20150816	√	20150907 - 20150916	×延迟两天	20151007 - 20151016	√	
	2	1F	YZQ-02-01-02-01	预制墙	√							
	2	1F	YZQ-02-01-02-01	叠合板	√							
	2	2F	YZQ-02-02-02-01	叠合板	√							
	2	1F	YZQ-02-01-02-01	预制墙	√							
	2	1F	YZQ-02-01-02-01	叠合板	√							
	2	2F	YZQ-02-02-02-01	叠合板	√							
	3	2F	YZQ-03-01-02-01	预制墙	√	20151011 - 20151031	√	20151111 - 20151131	√	20151113 - 20151118	×延迟两天	
	3	1F	YZQ-03-01-02-01	叠合板	√							
	3	3F	YZQ-03-03-02-01	预制墙	√							
	3	1F	YZQ-03-01-02-01	叠合板	√							
	3	1F	YZQ-03-01-02-01	叠合板	√							
	3	2F	YZQ-03-02-02-01	预制墙	√							
	3	1F	YZQ-03-01-02-01	叠合板	√							
	3	2F	YZQ-03-02-02-01	预制墙	√							
	3	3F	YZQ-03-03-02-01	叠合板	√							

图 8-8　辅助生产厂进行生产管理

2. 辅助构件运输与追踪

BIM 技术可以基于三维空间布置将相关的预制构件最大限度地放入对应的运输空间内，并用模拟手段保证运输的安全性。协助项目降低运输成本，减少构件破损率（图 8-9）。

（a）运输模型　　（b）二维码追踪

图 8-9　辅助构件运输与追踪

（四）BIM 技术在施工阶段中的应用

1. 施工图信息模型深化

在施工阶段按照施工现场真实情况对设计模型进行更新和深化，主要对缺失构件（支吊架模型、小管线、各设备管线末端或点位）进行添加；对已有构件形体及信息（各主要设备机房管线安装情况、各主要设备参数、主要部位施工信息、运维阶段模型信息等）的纠正和深化（图 8-10）。

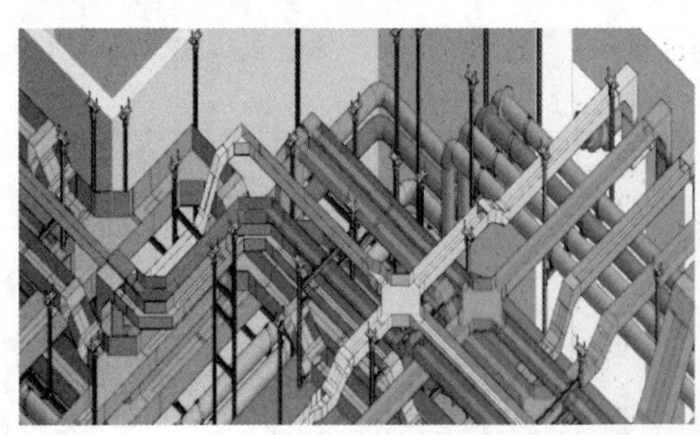

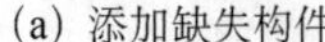

（a）添加缺失构件　　（b）机房管线纠正和深化

图 8-10　施工图信息模型深化

2. 施工方案和施工安全措施的模拟

为了模拟施工现场，保证施工方案的可行及辅助施工管理，建立脚手架、各种临时支撑等措施模型（图 8-11）。

图 8-11　施工方案和施工安全措施的模拟

3. 现场场地布置管理

通过对现场场地进行虚拟模拟，进行项目施工现场流线模拟，评估现场材料堆叠合理性，避免不必要的风险及二次搬运等。通过模拟塔吊工作的半径，找出塔吊最佳布置位置，为后续的施工做好准备（图 8-12）。

图 8-12　现场场地布置管理

4. 现场构件堆放管理

预制构件运抵施工现场后，基于预制构件信息数据库中预存的堆放构件设施信息、堆放标准以及装配顺序，自动设定堆放序列并据此指导现场施工构件的堆叠（图 8-13）。

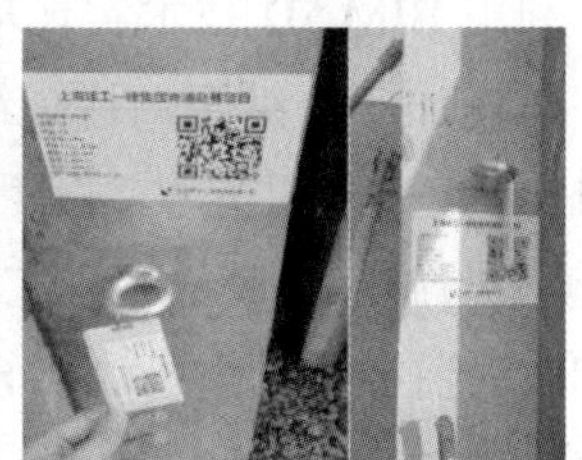

图 8-13　现场构件堆放管理

5. 施工进度模拟与管控

基于 BIM 技术的虚拟进度与实际进度的比对主要是将方案进度计划和实际进度的形象化表达，找出差异，分析原因，实现对项目进度的合理控制与优化（图 8-14）。

图 8-14 施工进度模拟与管控

6. 施工质量、安全管理

当装配式混凝土建筑施工过程中发生质量、安全问题时，可依据不同质量、安全问题在模型中进行构件标注。同时可将 BIM 构件导入移动端平台，由施工管理单位或监理单位现场对构件模型进行质量、安全检测，如发现问题及时拍照上传平台供其他参与方核实修正（图 8-15）。

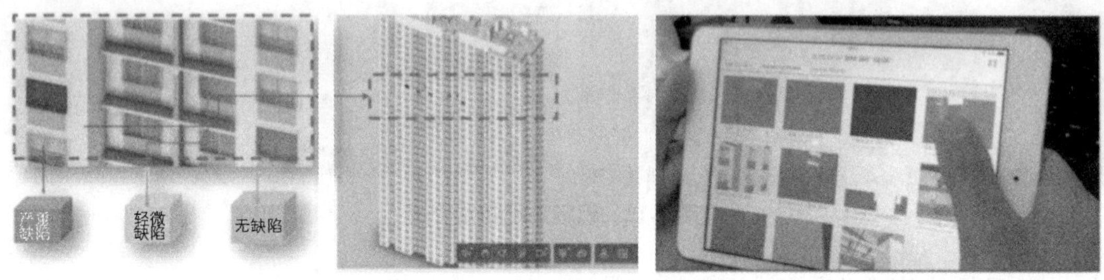

图 8-15 施工质量、安全管理

7. 项目成本管理

利用 BIM 5D 技术实现项目成本管理，BIM 5D 是在 BIM 模型基础上增加时间维度后，再增加一个维度，这个维度目前 BIM 圈内普遍认为是成本，即 BIM 4D 加上成本。BIM 5D 集成了工程量、工程进度、工程造价，不仅能统计工程量，还能将建筑构件的 3D 模型与施工进度的各种工作（WBS）相链接，动态地模拟施工变化过程，控制实施进度和实时监控成本造价（图 8-16）。

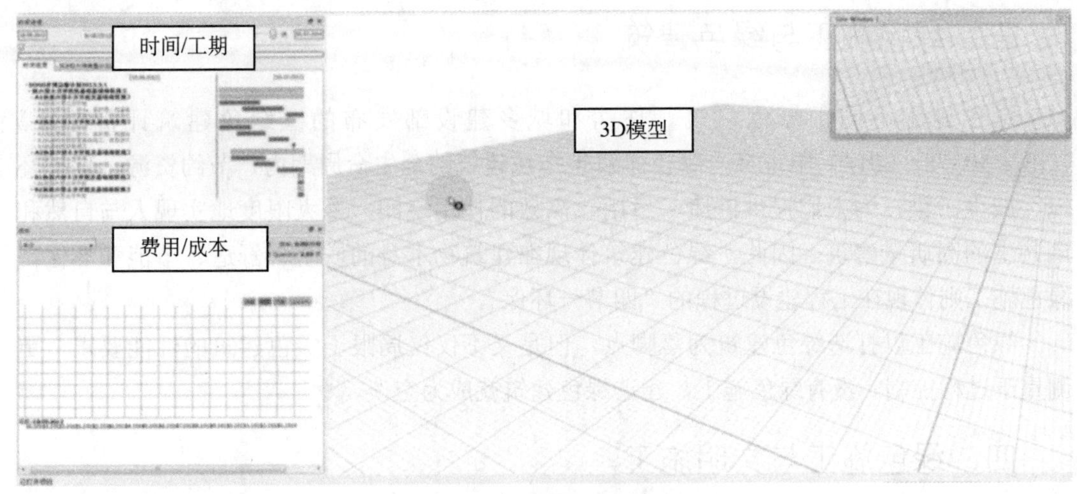

图 8-16　项目成本管理

第三节　绿色施工

一、绿色施工的概念及意义

绿色施工是指工程建设中，在保证质量、安全等基本要求的前提下，通过科学管理和技术进步，最大限度地节约资源并减少对环境负面影响的施工活动，实现节能、节地、节水、节材和环境保护（“四节一环保”）。

绿色施工作为建筑全生命周期中的一个重要阶段，是实现建筑领域资源节约和节能减排的关键环节。实施绿色施工，应依据因地制宜的原则，贯彻执行国家、行业和地方相关的技术经济政策。绿色施工应是可持续发展理念在工程施工中全面应用的体现，绿色施工并不仅仅是指在工程施工中实施封闭施工，没有尘土飞扬，没有噪声扰民，在工地四周栽花、种草，定时洒水等这些内容，它涉及可持续发展的各个方面，如生态与环境保护、资源与能源利用、社会与经济的发展等内容。

二、绿色施工的原则

进行总体方案优化，在规划、设计阶段，充分考虑绿色施工的总体要求，为绿色施工提供基础条件。

对施工策划、材料采购、现场施工、工程验收等各阶段进行控制，加强整个施工过程的管理和监督。绿色施工的总体框架由施工管理、环境保护、节材与材料资源利用、节水与水资源利用、节能与能源利用、节地与施工用地保护 6 个方面组成。

三、绿色施工与绿色建筑

绿色施工不同于绿色建筑。住房和城乡建设部发布的《绿色建筑评价标准》（GB/T 50378—2014）中定义，绿色建筑是指在建筑的全生命周期内，节约资源、保护环境、减少污染，为人们提供健康、适用、高效的使用空间，最大限度地实现人与自然和谐共生的高质量建筑。因此，绿色建筑体现在建筑物本身的安全、舒适、节能和环保，绿色施工则体现在工程建设过程的“四节一环保”。

绿色施工以打造绿色建筑为落脚点，但是又不仅仅局限于绿色建筑的性能要求，更侧重于过程控制。没有绿色施工，建造绿色建筑就成为空谈。

四、绿色施工与文明施工

绿色施工不同于文明施工。绿色施工除了涵盖文明施工外，还包括采用降耗环保型的施工工艺和技术，节约水、电、材料等资源能源。因此，绿色施工高于、严于文明施工。例如，中华人民共和国建设部2007年印发的《绿色施工导则》（建质〔2007〕233号）中对地下设施、文物和资源的保护，节材、节能措施等都有所规定。绿色施工也需要遵循因地制宜的原则，结合各地区不同自然条件和发展状况稳步扎实地开展，避免做表面文章而浪费资源。

参考文献

［1］张波. 装配式混凝土结构工程［M］. 北京：北京理工大学出版社，2016.

［2］夏峰，张弘. 装配式混凝土建筑生产工艺与施工技术［M］. 上海：上海交通大学出版社，2017.

［3］张建荣，郑晟. 装配式混凝土建筑识图与构造［M］. 上海：上海交通大学出版社，2017.

［4］刘海成，郑勇. 装配式剪力墙结构深化设计、构件制作与施工安装技术指南［M］. 北京：中国建筑工业出版社，2016.

［5］郭学明. 装配式混凝土结构建筑的设计、制作与施工［M］. 北京：机械工业出版社，2017.

［6］济南市城乡建设委员会建筑产业化领导小组办公室. 装配式整体式混凝土结构工程工人操作实物［M］. 北京：中国建筑工业出版社，2016.

［7］中国建筑标准设计研究院. 装配式建筑系列标准应用实施指南（装配式混凝土结构建筑）［M］. 北京：中国计划出版社，2016.

［8］张金树. 装配式建筑混凝土预制构件生产与管理［M］. 北京：中国建筑工业出版社，2017.

［9］翟传明，王娟娟，张超. 装配式建筑配件质量检验技术指南［M］. 北京：中国建筑工业出版社，2020.

［10］北京城市建设研究发展促进会，王宝申. 装配式建筑建造构件生产［M］. 北京：中国建筑工业出版社，2017.

［11］渠立朋. BIM 技术在装配式建筑设计及施工管理中的应用探索［D］. 徐州：中国矿业大学，2019.

［12］杨宇沫. 基于 BIM 的装配式建筑智慧建造管理体系研究［D］. 西安：西安科技大学，2020.

［13］钱至棽. 新型混凝土预埋件连接结构［J］. 福建建筑，2019（3）：29-33.

［14］孟宪宏，张斯远，谷立. 国内预埋吊件应用现状及国内外相关规范对比分析［J］. 施工技术，2017（3）：38-40.

［15］常繁，樊利新. 预制装配式混凝土构件设计及生产工艺研究［J］. 河南建材，2016（3）：7-9.

参考文献

[1] [illegible]
[2] [illegible] 2017.
[3] [illegible] 2019.
[4] [illegible] 2015.
[5] [illegible]
[6] [illegible] 2016.
[7] [illegible] 2016.
[8] [illegible] 2017.
[9] [illegible]
[10] [illegible] 2017.
[11] [illegible] 2019.
[12] [illegible] 2020.
[13] [illegible] 2019 [illegible] 29-34.
[14] [illegible] 2017 [illegible]
[15] [illegible] 2018 [illegible]